PISCICULTURE

PISCICULTEURS

ET

POISSONS

PAR

EUGÈNE NOËL

Prix : 1 fr. 25.

PARIS
F. CHAMEROT, LIBRAIRE-ÉDITEUR
RUE DU JARDINET, 13,
NOVEMBRE 1856

PISCICULTURE

PISCICULTEURS

ET POISSONS.

Paris. — Imprimerie de L. Martinet, rue Mignon, 2.

PISCICULTURE
PISCICULTEURS
ET
POISSONS

PAR

EUGÈNE NOËL

PARIS
F. CHAMEROT, LIBRAIRE-ÉDITEUR
RUE DU JARDINET, 13.
1856

PRÉFACE.

Ce petit volume, qu'on eût pu intituler : *Mémoires d'un Pisciculteur*, se compose de trois parties écrites à des époques différentes, qu'il est utile d'indiquer : la première en août 1855, la deuxième en juillet 1856, la troisième au mois d'octobre de la même année.

Il ne sera peut-être pas sans intérêt pour quelques personnes de suivre, de l'une à l'autre de ces trois époques, le progrès des expériences dont j'ai à rendre compte.

J'aurais pu résumer en une seule partie le résultat de ces deux années d'étude et de pratique ; mais il m'a paru que l'attention du lecteur serait mieux éveillée par le spectacle de mes tâtonnements successifs ; et qu'ayant ainsi lui-même assisté à tout le va-et-vient de mes hésitations entre cent procédés différents, il apprécierait mieux la méthode que, dans la troisième partie, je propose de mettre en usage.

Octobre 1856.

PREMIÈRE PARTIE.

I.

Il ne s'agit point ici, cher lecteur, d'éclosions artificielles obtenues au quatrième étage, dans de petits réservoirs de fer blanc; nous étions placés, pour nos expériences, au milieu de la nature elle-même, aux prises avec ses obstacles, mais riches en même temps de ses inépuisables ressources, nous avions pour laboratoire une belle prairie, un jardin, d'admirables sources, trois étangs, deux rivières et les eaux les plus limpides du monde :

Chiare, fresche e dolce acque.

Nous n'en étions pas mieux au cœur de l'hiver, les pieds dans la neige et les mains dans l'eau pour faire nos expériences; mais au total, notre santé et celle de nos poissons ne s'en est trouvée que meilleure. Et puis le printemps est venu et notre laboratoire s'est décoré de toutes les splendeurs de la nature; fleurs des prairies, frissonnement du feuillage, chant des oiseaux, brises embaumées, voilà ce qui nous entoure en écrivant ces pages; ajoutez, pour encadrement à ce doux paysage :

Fresco ombroso, fiorito, e verde collo,

comme dit si bien Pétrarque, qui vécut aussi au bord d'une fontaine.

Que toute étude est charmante replacée ainsi dans la nature! Si l'on connaissait mieux les occupations enchanteresses d'une vie rustique, poissons, bestiaux, jardins, vergers, forêts, champs et prairies, les villes deviendraient désertes. Tous voudraient se remettre, comme le bon Dieu l'a voulu, en plein air et en pleine nature. Les hommes y reprendraient la véritable vie humaine, le travail sous le ciel; et les femmes, heureuses dans leurs ménages, au milieu de leurs enfants, se livreraient aux travaux sédentaires que le désordre des vieilles sociétés urbaines a sottement livrés aux hommes.

Mais arrivons à nos poissons, et disons comment nous fûmes, au mois de janvier dernier, appelé inopinément par la commission de pisciculture de notre département à faire des essais d'éclosion artificielle de truites et de saumons. Jusque-là nous n'avions étudié la question que théoriquement (et encore fort peu, nous devons l'avouer), nous étions absolument étranger à la pratique de cette industrie nouvelle.

Attiré cependant vers cette étude par l'importance qu'elle nous paraissait avoir pour le développement des sciences embryogéniques, nous avions cru et nous croyons encore que par elle seront éclaircis plusieurs points, restés jusqu'ici obscurs, de ce qu'on peut appeler la chimie des germes. Le grand mystère de la fécondation se peut en quelque sorte étudier ici à nu. Il nous est loisible d'observer là, sous la loupe, dans un récipient vulgaire, le mystère qui partout ailleurs se cache au sein même des êtres.

Nous avions pris plaisir aussi à suivre, dans le charmant livre de M. Coste, l'histoire de cette industrie nouvelle (1).

On sait que la fécondation artificielle des œufs de

(1) Une brochure de notre excellent compatriote, M. Féron, pleine de faits curieux, nous avait aussi vivement intéressé. Mais, au moment même où nous rédigeons ces notes, il nous est donné communication des *Lettres sur la pisciculture*, de M. le docteur Pouchet, publiées ces jours derniers, dans un des journaux de notre département; ces *Lettres*, qui nous charment, résument, de la manière la plus nette et la plus vigoureuse, tout ce qui a été dit jusqu'ici sur cette matière. Nous espérons qu'elles seront publiées prochainement en brochure, nous supplions leur auteur de le faire, et nous y renvoyons le lecteur qui veut s'instruire. Le sujet est traité là, sous son triple point de vue, historique, théorique et pratique. M. Pouchet envisage aussi la question sous le point de vue social de l'alimentation publique, et là encore ses conclusions, appuyées de chiffres, de faits, d'exemples nombreux, nous paraissent irréfutables.

poisson doit sa popularité à la découverte qu'en firent, ou qu'en crurent faire, il y a quelques années, deux pêcheurs des Vosges, MM. Rémy et Géhin. Mais un siècle avant eux (à leur insu, il est vrai), Jacobi avait commencé à s'occuper de la fécondation artificielle. Il paraît prouvé aussi qu'au moyen âge un moine de l'abbaye de Réôme (près Montbard), nommé dom Pinchon, l'avait pratiquée avec succès. On en fait même (sans preuve aucune) remonter l'origine jusqu'à l'antiquité égyptienne. Ce qui paraît plus certain, c'est que l'art de cultiver le poisson est en usage depuis longtemps chez les Chinois; cependant la fécondation artificielle ne leur est point connue : ils recueillent les œufs tout fécondés au fond des rivières, les portent sur les marchés publics et les vendent comme graine pour réensemencer les étangs et rivières. L'attention du pisciculteur chinois se borne donc à garantir les jeunes poissons de leurs ennemis durant le premier âge.

Quel que soit l'inventeur de la fécondation artificielle, si la gloire d'une découverte appartient au pays, au temps et aux hommes qui la partagent au monde, celle-ci revient tout entière à notre France du XIXe siècle, en la personne de MM. Rémy et Géhin.

C'était, du reste, une idée si simple, que l'on comprend à peine qu'elle ne soit pas venue depuis longtemps à tout esprit observateur, en présence du spectacle qu'offrent les poissons au moment du frai. Les œufs mis en contact extérieurement avec la laitance du mâle répandue au moment de la ponte dans l'eau environnante, puis enterrés dans le sable, déposés sur la vase ou suspendus à des herbes (suivant les espèces); voilà tout le travail des poissons. Comment quelqu'un ne s'est-il pas avisé plus tôt, dans toute piscine, d'opérer artificiellement ce mélange des œufs et de la laitance? Cela se concevrait à peine si les découvertes les plus simples ne semblaient avoir été mystérieusement tenues en réserve jusqu'au jour de leur utilité. Ceci est si vrai que cette découverte, faite à plusieurs reprises, et même rendue publique, il y a un siècle, par Jacobi, passa inaperçue jusqu'à ce que, mise en pratique par deux simples pêcheurs la retrouvant à l'heure marquée pour le besoin des peuples, elle se trouva reprise, perfectionnée, adoptée à la fois par les Coste, les Millet, les Berthot, les Detzem, etc., et mise en pratique par toute l'Europe.

II.

Mais la fécondation artificielle était si bien connue avant MM. Rémy et Géhin (qui ne commencèrent leurs premiers essais qu'en 1843), que nous avions lu, dès 1842, dans l'*Encyclopédie nouvelle*, publiée sous la direction de MM. P. Leroux et J. Reynaud, à l'article *Organogénie*, une note de M. le docteur Serres, que nous demandons la permission de citer ici tout entière :

Dans tout le règne animal, le premier produit de la génération est un être simple, presque identique d'une extrémité à l'autre de la série. C'est un œuf, c'est-à-dire un fluide environné d'une membrane, auquel s'est combiné un petit zoosperme. L'œuf est fourni par la femelle, le zoosperme par le mâle. Nous retrouvons l'un et l'autre, et chacun à part, sur les organes générateurs des deux sexes, soit que ces organes soient réunis sur un seul individu, soit que des individus séparés les portent.

Nous avons donc ainsi isolément, et pour ainsi dire dans la main, les deux radicaux, de nature différente, dont la combinaison va donner les conditions de naissance à un être nouveau.

Mais comment s'opère cette combinaison? Que se passe-t-il dans l'œuf et le zoosperme au moment où s'opère l'union de ces deux éléments? Ce mystère paraît impénétrable à nos sens; Dieu seul en a le secret.

A la vérité, nous apercevons bien quelques différences entre l'œuf fécondé et celui qui ne l'est pas; mais ces différences, très importantes en elles-mêmes, sont fugaces comme un souffle, à côté du grand acte qui vient de s'opérer, à côté du grand fait qui va se produire par l'incubation et les développements.

Il y a un phénomène chimique qui semble avoir quelque analogie avec ce phénomène générateur, c'est celui de la formation des sels. Comme dans la génération, il y a deux radicaux distincts : la base salifiable et l'acide; comme dans la génération, il y a un produit nouveau, un composé binaire, le sel. Or, peut-on dire, la base salifiable, c'est l'œuf ; l'acide, c'est le zoosperme ; le sel, c'est l'œuf fécondé. Mais que s'est-il passé dans le moment indivisible de la pénétration de la base et de l'acide? Comment le sel en est-il sorti avec des propriétés si différentes de ses deux radicaux pris séparément? la chimie l'ignore. Ni la théorie des équivalents, ni celle des substitutions n'en rendent compte. L'électricité, que l'on fait intervenir, n'est encore qu'un mot. S'il y a mystère pour le chimiste dans ce phénomène naturel si simple, il n'y a donc pas à s'étonner qu'il y ait mystère pour le physiologiste dans le phénomène infiniment plus relevé de la génération de l'être. A la vérité, le chimiste opérant lui-même le mélange, la génération du sel, qui s'opère sous ses yeux, semble un fait expérimental plus certain que celui de la génération d'un animal ; car avec les deux radicaux on crée à volonté. Mais ce degré de certitude, si c'en est un, le physiologiste le possède comme le chimiste. *Le physiologiste peut mettre dans un vase des œufs non fécondés et dans un autre des zoospermes; en versant les derniers sur les premiers, il crée des animaux à volonté,* comme le chimiste forme des sels. Et dans ces générations, il ne s'agit pas seulement des animaux infusoires, des mollusques, des annélides, des crustacés ou des insectes ; ce sont des poissons, ce sont des reptiles, si élevés dans l'échelle des êtres, que l'on a fait développer par ce procédé. Ainsi l'analogie se soutient jusqu'au bout, et rien cependant ne détruit le mystère initial.

Voilà non-seulement la pisciculture nettement formulée, mais la voilà dans toute sa grandeur philosophique.

III.

En quoi consiste pratiquement la fécondation artificielle des œufs de poisson? Le voici : Se procurer, au moment du frai, des femelles prêtes à pondre, leur presser le ventre légèrement et en extraire les œufs que l'on a soin de faire tomber d'aussi peu haut que possible dans un vase à fond large et plat, contenant 3 à 4 centimètres d'eau; puis, immédiatement, en pressant de la même manière le ventre d'un mâle, faire tomber dans le vase quelques gouttes ou même une seule goutte de laitance, la délayer dans l'eau en l'agitant avec les barbes d'une plume ou, mieux encore, avec un pinceau; laisser le tout (œufs et laitance) cinq à six minutes en repos (pas plus); puis, dans des caisses convenablement disposées, verser avec soin les œufs fécondés sur un lit de menu gravier, les recouvrir en les séparant les uns des autres de deux centimètres (ou même un peu moins) du même gravier; voilà toute l'opération. — Ajoutons que le même mâle peut servir plusieurs fois, en mettant entre chacune d'elles un intervalle de trois ou quatre jours.

Les caisses doivent être plongées, mais non submergées, dans une eau courante toujours claire, le dessous des boîtes doit être en bois, les côtés en toile métallique inoxydable, très fine; on leur donne, à Huningue, une longueur de 1 mètre sur 50 centimètres de largeur et 25 de profondeur. On y dépose, sur un lit de gravier de 0 m. 10 centim., quinze à vingt mille œufs de saumons ou bien quarante-cinq à cinquante mille œufs de truite. Ces œufs sont recouverts d'une couche d'un demi-centimètre d'épaisseur de gravier très fin. Dans cet état, si quelques œufs périssent, la fermentation rapide qui s'opère à leur intérieur les rend plus légers, ils percent, pour surnager, la mince couche de gravier qui les recouvre et se trouvent ainsi séparés des œufs sains, sans qu'il soit nécessaire d'y toucher et d'ébranler la couvée.

Le dessus des caisses doit-être aussi en toile métallique et pouvoir se lever au moyen de charnières, mais il importe qu'il close bien, afin de ne laisser l'entrée à aucun insecte aérien; plusieurs de ces insectes, comme on sait, déposent leurs œufs à la surface de l'eau, et de ces œufs éclosent des larves aquatiques nuisibles aux poissons nouvellement éclos.

Évitez aussi les crevettes d'eau douce; l'alevin, au sortir de l'œuf, et pendant environ quatre semaines, porte sous le ventre une vésicule contenant une substance albumineuse destinée à le nourrir pendant ces premiers temps; les crevettes sont très friandes de ces vésicules, elles les dévorent et détruisent ainsi dans les rivières un nombre considérable de petits poissons, c'est une chose que j'ai vue de mes yeux cette année même : de 4,000 œufs environ déposés dans un ruisseau d'éclosion où elles ont pu s'introduire, elles m'en ont laissé vivre environ 300. Les grenouilles, les canards, les rats, les larves d'insectes, les poissons eux-mêmes sont autant de destructeurs du frai. Voilà pourquoi, de tant de milliers d'œufs déposés chaque année par les poissons au fond des rivières, une si petite quantité réussit à se développer. Il faut ajouter, comme augmentation de perte, qu'un très grand nombre d'œufs ne sont point fécondés par les poissons abandonnés à eux-mêmes. J'ai analysé brin à brin une frayère naturelle de truites, et j'y ai trouvé les œufs non fécondés quatre fois plus nombreux que les autres. On a prétendu qu'un vingt-cinquième au plus des œufs pondus par les poissons arrivait à se développer, et l'on est resté, je crois, au-dessous du chiffre réel des pertes.

La nature semblait avoir prévu toutes ces causes de destruction en douant les poissons d'une si prodigieuse fécondité. On a compté dans une seule carpe, de grandeur moyenne, 342,144 œufs, dans une perche 28,300, dans un hareng 36,000, dans une sole 100,000, dans un brochet 272,000, dans une tanche 383,000, dans un maquereau 546,000, dans un carrelet 1,300,000, dans un esturgeon 7,600,000, dans une morue 9,344,000, dans un turbot 9,000,000, dans une muge à grosses lèvres

13,000,000, etc., etc. Que la pisciculture arrive à sauver seulement un cinquième de ces myriades de germes, quelle abondance! quelles richesses! qu'on songe que, dans l'état actuel des choses, on ne mange, chaque année, en France, que 2,500,000 kilog. de poisson, et que la France est peuplée de 35,000,000 d'habitants!

Retournons à nos caisses; et disons qu'il est indispensable de les fixer dans l'eau de manière qu'elles n'éprouvent ni mouvement, ni balancement d'aucune espèce. On doit éviter aussi, dans leur intérieur, les végétations mousseuses de byssus, de conferves, etc. Il est de la plus grande importance, si l'on ne veut voir tout périr, que les œufs, une fois déposés dans l'appareil, ne soient dérangés par rien. Le moindre roulement les tue instantanément.

Quelques savants ont employé aussi, n'agissant point en plein air, des appareils en zinc émaillé où les œufs reposent sur des claies submergées, il faut alors un courant d'eau imperceptible pour ne les pas trop agiter. Mais si les œufs éclosent dans cet appareil, malgré le danger d'y être ébranlés, l'alevin y vit mal et périt en grande partie asphyxié par les flocons de poussière et de détritus agglomérés au fond des appareils.

Il sera donc prudent, je crois, de s'en tenir aux boites employées par Rémy et Géhin, dont se sont servis depuis avec le plus grand succès MM. Berthot et Detzem, lesquels sont arrivés par ce moyen à ne plus éprouver qu'un déchet de 4 pour 100.

IV.

Nous raisonnons de tout cela comme des docteurs, aujourd'hui ; mais, lorsque nous commençâmes nos expériences, ce fut une chose assez curieuse que notre embarras. Vingt procédés d'éclosion nous étaient indiqués à la fois ; nous les essayâmes tous. Nous enfermâmes des truites, mâles et femelles ensemble, dans une grande boîte traversée horizontalement, à 10 centimètres du fond, par un grillage destiné à laisser passer les œufs et la laitance, sans que les œufs pussent être ensuite dérangés ou dévorés par les truites. Je ne sais qui avait inventé cette malencontreuse boîte ; seulement, voici les résultats qu'elle nous produisit : dans cet état de captivité, les truites ne pondirent point ; une sorte de gangrène des nageoires les saisit ; elles moururent. Nous essayâmes des tamis flottants de M. Millet ; mais dans ces tamis, les œufs, soulevés par le mouvement de l'eau, roulèrent et périrent. (On connaît que les œufs sont morts en ce qu'instantanément ils blanchissent.) Nous avions des boîtes à dessous en bois, avec les côtés en toile métallique ; nous en avions d'autres à dessous métalliques et à côtés en planches ; nous avions de ces appareils dans des eaux de source et dans des eaux de rivière. Nous déposâmes aussi une partie de nos œufs dans de petits ruisseaux à fond de galet courant à fleur de terre; parmi ces œufs, les uns étaient recouverts, d'autres déposés à nu sur le gravier. Une discussion s'était élevée à ce sujet parmi les savants qui nous entouraient; les uns soutenant qu'il fallait recouvrir les œufs, les autres soutenant le contraire, c'est alors que, voulant en faire juges les truites elles-mêmes, nous analysâmes brin à brin une frayère naturelle, et que nous y trouvâmes les œufs disposés dans de petits sillons parallèles, rangés en long au fond de la rivière et recouverts d'au moins 3 centimètres de galet.

Qu'on se figure cependant notre embarras au milieu de toutes ces couvées! Le plus simple pour nous, sans doute, eût été un voyage à Huningue; mais ce voyage ne nous fut point permis; des malentendus, comme toujours, furent notre principal obstacle. Nous étions donc condamné à réinventer un art qui déjà était pratiqué avec succès dans d'autres contrées.

Quelle situation!

Pourquoi ne pas le dire?... Quelques amis peintres nous envoyèrent alors une série de caricatures (hélas! fort amusantes), où nous nous vîmes célébré jusqu'à l'apothéose, sous le nom de *M. Poissonet.* M. le docteur Pouchet, qui nous encourageait de ses conseils et qui participait à nos expériences, y figurait triomphalement, sous la désignation de l'*Archimandrite ;* on nous représentait à genoux devant lui, l'interpellant sous les titres de LUMIÈRE DU MONDE, SOLEIL DE LA PISCICULTURE...

Voilà le sort réservé à tous les chercheurs! disions-nous en riant ; car ces caricatures étaient charmantes et nous mettaient en joyeuse humeur.

Nous couvions cependant avec une admirable constance ; mais nos œufs écloraient-ils? chaque jour nous les voyions, au fond de nos appareils, blanchir dans des proportions effrayantes...

Que faire?

V.

Il me vint en pensée, au milieu de mes embarras, d'écrire, pour lui demander conseil, à l'un de nos pisciculteurs les plus distingués, M. Berthot, auquel une de ses parentes, par grand bonheur amie de ma famille, voulut bien me recommander. Quelle lettre lamentable je lui adressai sur mes opérations! M. Berthot dut bien rire! mais il me répondit :

. . . .

« Vous avez tort de vous effrayer des difficultés » matérielles : la matière constamment fléchit devant » les hommes qui, pour l'assujettir, savent s'assu- » jettir d'abord eux-mêmes aux lois qui la régissent : » ces lois sont simples, elles sont écrites au grand

» livre de la nature, il est toujours ouvert et nous » avons des yeux.

» Les vraies difficultés se réduiront aux empêche-» ments qui vous seront suscités par autrui ou que » vous rencontrerez en vous-même... »

Puis M. Berthot ajoutait en souriant :

« Pisciculture est un *substantif féminin*, appro-» prié à l'industrie naissante à laquelle vous voulez » consacrer vos soins : pour commencer, il faut » d'abord, je crois, le définir : or, je vois trois défi-» nitions :

» 1° Pisciculture, synonyme escabeau, sur lequel » on se hisse pour rehausser sa taille, afin de faire » le joli cœur, exciter les bravos, obtenir des cor-» dons, etc.

» 2° Pisciculture, synonyme machine à battre » monnaie ; je ne suis pas fort en latin, mais j'ima-» gine qu'on aurait dit en cette langue *auri sacra* » *fames*.

3° Pisciculture, synonyme culture du poisson, art » d'employer les expédients nouvellement décou-» verts par deux pêcheurs des Vosges pour faire » rendre aux surfaces couvertes d'eau, sous forme » de substances alimentaires de bonne nature, au » moins l'équivalent de ce qu'on obtiendrait de » surfaces pareilles couvertes de luzernes, sainfoin, » trèfles, etc.

» J'ai idée que votre intention est d'adopter cette

» dernière définition, eu égard à son élégance, justesse, brièveté et limpidité : par conséquent, en qualité de pisciculteur, vous entendez qu'il vous faut procéder conformément aux lois naturelles, à cette fin de faire arriver sur les marchés publics beaucoup de poissons et à bas prix, sous forme de marchandise vivante et bien portante, si faire se peut.

» Or, ce but louable est indiqué, sous forme de question, dans le post-scriptum de votre lettre; à cette place comme à toute autre, elle me paraît hors ligne; et par la règle, les premiers seront les derniers et réciproquement, je me hâte de vous dire que, dans mon sentiment, le problème est *soluble* :

» Facilement, s'il ne fallait que triompher de la nature, elle est si bonne mère, qu'elle ne demande pas mieux que d'en fournir les occasions et les moyens; moins aisément, par suite des efforts incohérents d'une multitude affriandée, impatiente et fort distinguée par l'ignorance crasse...

. . . .

» Les truites, dites-vous, sont rares dans la Seine-Inférieure, les mâles sont plus nombreux que les femelles; ceci m'étonne un peu, mais comptez bien; il n'en faut pas beaucoup pour en créer des myriades, ayez soin de les prendre à une époque assez voisine du moment de la ponte, et la capti-

» vité, si elle ne se prolonge pas outre mesure, n'al- » térera pas les œufs.

» L'eau trouble est la plus mauvaise condition » pour faire éclore les œufs de truite et de saumon; » mettez-vous à l'abri de cet inconvénient, en opé- » rant dans des ruisseaux toujours limpides; ar- » rangez-vous pour transformer la vitesse horizon- » tale en chute, et, pour cela, ménagez de petites » cascades successives sur la partie de votre ruisseau » où vous déposerez vos œufs fécondés; l'eau claire » coulera sur un fond de gravier, il ne faut pas que » la couche d'eau ait plus de 15 ou 20 centimètres » d'épaisseur; vous recouvrirez vos œufs avec de » menu gravier, de manière à les empêcher de rou- » ler, et tout ira parfaitement; de petites planches, » comme des douelles de tonneaux, barreront votre » ruisseau de distance en distance pour faire office » de déversoirs et vous ne mettrez qu'une toile mé- » tallique en aval de votre petit laboratoire à éclo- » sion; mais il faudra la nettoyer souvent. »

Malheureusement ces conseils nous arrivaient trop tard, nos couvées étaient disposées autrement, et il n'était plus possible d'y rien changer sans les exposer à des désastres plus grands que ceux qui nous menaçaient.

M. Berthot nous disait encore : « Si vos boîtes » flottantes vont bien, ne vous pressez pas de les » abandonner; j'en ai employé d'analogues, et je

» m'en trouvais bien pour opérer en petit. »

Sa lettre se terminait en ces termes:

« Vos pensionnaires mangeront avec beaucoup de » contentement du frai de grenouilles pour l'ordi- » naire et des œufs de fourmis pour le dessert. » Essayez-en, vous vous en trouverez bien.

» Faites des saumons par curiosité et comme » étude, mais considérez ce travail comme acces- » soire : la truite vient mieux partout, attachez- » vous à en produire davantage; mais, croyez-moi, » l'art véritable de la pisciculture ne se réduit pas à » de pareils essais; pour lui donner les proportions » qui conviennent à une industrie apte à faire face » aux exigences des populations, il ne faut pas la » restreindre aux procédés de la fécondation artifi- » cielle des œufs de poissons, et limiter en outre ces » procédés en s'imposant l'obligation de ne produire » que des espèces recherchées; je vois un champ » plus vaste, et il faut une méthode plus générale et » plus complète; la fécondation artificielle n'est » qu'un des expédients, mais elle ne dispensera point » des soins, des frais et des travaux sans lesquels il » n'est pas permis de prétendre aux richesses en ce » bas monde. »

VI.

Quelles citations je pourrais faire encore des lettres de M. Berthot! car celle-ci fut suivie de plusieurs autres; quel charme de le voir, avec son éloquence familière et naïve (qui rappelle un peu celle de Bernard Palissy), s'élever de la pisciculture à la contemplation de l'univers et des lois qui le régissent, puis finalement à la pensée de Dieu! Nous avions songé d'abord à citer ici tout entières quelques-unes de ces lettres, mais par leur élévation même elles nous emporteraient trop loin du sujet spécial qui nous occupe; si jamais nous écrivions un chapitre de la nature ou de Dieu, elles y trouveraient mieux leur place. Qu'il me soit permis de citer seulement ces trois lignes qui s'appliquent si bien à la pisciculture, qui n'est rien autre chose que l'ordre mis dans l'aménagement des eaux, comme l'agriculture est l'ordre mis dans l'aménagement du sol.

« A l'origine quelqu'un a dit à l'homme : tu » régneras sur tous les éléments de la nature. — » Pauvre ignorante créature, *tu régneras*, ceci ne » veut pas dire tu feras la loi : régner, c'est com» mander au nom de la loi ; le [illegible]s obéissant est le » maître. »

Ainsi, l'homme n'est pas le tyran de la nature, s'il règne sur elle, c'est en se soumettant lui-même aux lois posées par le Créateur dès le principe des choses ; aussi, c'est à la découverte de ces lois que M. Berthot veut que l'on s'applique aussi bien pour la pisciculture que pour les autres sciences. Citons ces admirables paroles :

« Mon cher disciple, — travaillons, travaillons et » ne faisons pas de bruit ; tâchons d'obtenir des ré- » sultats utiles, cherchons à découvrir les principes » élémentaires de l'art naissant de la pisciculture ; » déduisons, par un raisonnement droit, les consé- » quences immédiates de ces principes ; contentons- » nous d'abord de ces premiers dérivés et ne pous- » sons pas nos conclusions au delà des limites où » elles cesseraient d'être rigoureusement incontes- » tables ; il faut toujours qu'on aperçoive le lien qui » les rattache à l'axiome de départ ; ce lien s'effile » à mesure qu'on s'éloigne, vous poursuivez, il se » tend, il se réduit bientôt à une simple ligne ; vous » trouvez qu'elle vous suffira comme directrice ; vous » poursuivez encore, elle se transforme en ligne » ponctuée ; vous remplissez les intervalles en inter- » calant de votre mieux les points intermédiaires » qui manquent, et vous finissez par jalonner un » système ; or, l'arbitraire, les rêveries, les hypo- » thèses ne mènent pas au vrai.. »

Pour récompense de nos recherches, dit-il ailleurs, nous aurons *la joie d'entendre les chansonnettes et les bénédictions des pauvres gens qui ne peuvent guère rendre grâce à la fin des tristes repas où manque le pain quotidien.*

Enfin, nous devons citer encore ce passage :

« Essayez, tout en travaillant de votre mieux, à » produire, nourrir, élever et disperser vos élèves, » de faire sécher avec précaution des œufs fécondés » avec soin ; arrivez à la dessiccation de différentes » manières, puis remettez toujours avec précaution » vos œufs, transformés en graines maniables et » transportables, dans vos bassins d'éclosion : vous » les verrez reprendre leur forme et leur fraîcheur, » et après beaucoup de tentatives infructueuses, vous » obtiendrez des éclosions ; vous constaterez ainsi » une des belles propositions de la pisciculture.

» Prenez ceci en note : l'eau courante est plus fa- » vorable que l'eau stagnante pour faire éclore des » poissons ; cependant les fleuves et les rivières ne » rendent quasi rien, et les étangs rendent à peu près » l'équivalent de ce que produirait l'espace égal en » nature de prairie ; pourquoi cela ? parce qu'on » exploite les étangs avec l'habileté que donne l'in- » térêt privé : on sème et on récolte, tandis que les » fleuves et rivières sont exploités comme propriétés » communales ; on prend tout ce qu'on peut attra- » per, et on ne met jamais rien ; il en serait de même » pour les champs, qu'on n'ensemencerait certaine- » ment pas s'ils étaient mobiles et si celui qui les a » soignés avait la joie de voir sa récolte s'en aller se

» promener du côté de la mer Méditerranée ou de » l'Océan.

» La grande difficulté de l'industrie naissante n'est » pas de produire des poissons, la fécondation arti- » ficielle résout ce problème au delà du nécessaire; » c'est de faire entrer dans les cervelles que, si l'on » veut utiliser cet expédient au profit de la masse, » il faut traiter les rivières comme les étangs; pren- » dre et remettre, voilà la nouvelle formule; le tra- » vail paiera le travail, voilà la méthode. Avec ce » que vous prendrez, vous vous procurerez ce qu'il » faut pour produire de quoi remettre dix fois ce que » vous aurez pris, et vous le remettrez à la place de » ce que vous prendrez, le même jour, au même en- » droit et de la même espèce; criez cela partout; » obtenez qu'on écoute et qu'on le fasse, et vous » verrez que les fleuves et les rivières se repeuple- » ront et produiront d'immenses richesses. »

VII.

Est-il quelques dangers qu'à présent je ne monte?

Après de tels encouragements, je redoublai d'ardeur...

J'ai dit qu'à cause des crevettes et de quelques autres encombres, il nous était resté un très petit nombre de nos élèves; toutefois, ce très petit nombre nous a permis d'étudier la question si importante de la nourriture des jeunes poissons. Une circonstance fortuite nous a singulièrement favorisé de ce côté. Ayant fait disposer à la porte d'une écurie un réservoir à purin (pour arroser nos foins), il se développa dans ce réservoir doublement précieux des myriades de *vers à queue de rat* qui furent, pour nos poissons, une nourriture excellente. Les bouchées étaient ainsi toutes faites, vivantes et remuantes, comme ils les aiment (les *vers à queue de rat* peuvent vivre dans l'eau plus de vingt-quatre heures). On sait qu'il serait facile, à l'aide de verminiers convenablement disposés, de se procurer de ces larves, ainsi que des *asticots* et autres vers, en quantités inépuisables.

A l'heure où j'écris, nos poissons, éclos depuis trois et quatre mois seulement, et longs de 5, 6 et 7 centimètres, sont pleins de vigueur et de prestesse.

Voilà donc des êtres vivants dont j'ai tenu dans mes mains les deux éléments constitutifs, œufs et zoospermes, et que j'ai créés (c'est le mot) en opérant la combinaison de ces deux radicaux !

Cela me fait dire que la fécondation artificielle est une des découvertes les plus importantes de ce siècle, puisque pouvant devenir une des mamelles les plus abondantes de l'alimentation publique, elle semble encore destinée à éclairer le point fondamental de toute science, celui de la formation des êtres vivants. Mais, coïncidence vraiment admirable! elle ne pouvait avoir ce double rôle, comme étude et comme application pratique, que dans l'état actuel de nos connaissances et de nos besoins.

Toutefois, là ne se borne pas l'art proprement dit de la pisciculture; la fécondation artificielle du poisson n'est qu'un des expédients de cet art. Qui dit pisciculture, dit art d'aménager les eaux; cet art comprend la production artificielle du poisson, les procédés d'éducation, de nourriture, de dispersion dans les fleuves et rivières, de pêche, de transport et de vente sur les marchés.

MM. Detzem et Berthot, dans un de leurs curieux rapports, veulent qu'à l'avenir on fasse de la pêche: l'*art de prendre, à un jour assigné, un nombre de poissons déterminé, de l'âge voulu, d'un poids fixé et de l'espèce demandée pour satisfaire à la commande.* Et tout cela est désormais possible moyennant de vastes viviers convenablement aménagés.

Dans un autre rapport de MM. Bolot et Berthot, en date du 16 mai 1853, je lis ces paroles remarquables:

« Notre attention s'est reportée sur la production, » sur la distribution et la conservation, puis enfin » sur la question finale, à laquelle les autres em- » pruntent toute leur importance; nous voulons par- » ler du débit.

» Il s'agit en définitive de livrer aux populations,

» qui attendent le résultat des promesses faites, à » des prix graduellement diminués, une quantité » croissante de poissons de toutes les espèces.

» Comment ceci se pratique-t-il en ce moment?

» Sur quelques points privilégiés, parce qu'ils sont » situés dans le voisinage des cours d'eau ; là, dans » des bâtiments *ad hoc*, aérés, spacieux, à des mo» ments donnés, on étale une masse de poissons » morts, qu'il faut bien vite distribuer aux acheteurs, » sous peine de les voir se corrompre ; les prix va» rient avec l'époque de l'année, avec le temps, on » pourrait dire, sans se tromper, avec le vent.

» Ne serait-il pas possible de substituer à ces hal» les infectes, des bureaux de débit convenablement » installés, où le public serait admis à toute heure » du jour et trouverait à sa disposition, sous forme de » marchandise vivante et bien portante, à des prix » fixes et modérés, qu'on n'abaissera pourtant, si l'on » tient à bien faire, qu'au fur et à mesure des pro» grès de l'industrie nouvelle, ce que l'industrie ac» tuelle ne fournira jamais ni à bas prix, ni de bonne » qualité ? »

Qu'on voie, dans le rapport même de MM. Bolot et Berthot, le procédé qu'ils proposent pour le transport vivant des poissons, partant de ce principe que: *Les poissons peuvent vivre assez longtemps dans un espace étroit, avec un petit volume d'eau, qu'il n'est pas nécessaire de renouveler*. Seulement, à l'aide d'une machine hydraulico-pneumatique, MM. Bolot et Berthot procurent à leurs poissons, pendant le transport, une eau renouvelée d'air incessamment.

Qu'on songe maintenant à tout ce qu'on peut obtenir des poissons par le croisement des races, par la castration, par une nourriture convenable, etc.! Jusqu'ici toute l'attention accordée à la zoologie fluviale et maritime se peut résumer en deux mots: *ravage universel*. Récolte tous les jours et semailles jamais! toujours détruire, en tout temps, sans choix, sans art, sans discernement; il a fallu l'incroyable fécondité des poissons, pour qu'en proie à un tel ravage ils n'aient pas disparu jusqu'au dernier. Cette barbarie de l'industrie piscicole est encore, à cette heure, presque universelle, et fait un étonnant contraste avec nos autres industries. Mais enfin grâce à la découverte rendue populaire par les deux pêcheurs des Vosges, grâce à l'activité des esprits en ce siècle, la voilà qui sort des limbes.

Quoi de plus simple cependant? On cultivait la terre, voici venir l'art de cultiver les eaux. Il a été dit au génie de l'homme: tu régneras sur tous les éléments de la nature.

Les poissons sont naturels aux rivières comme l'herbe est naturelle aux champs; que n'a-t-on pas fait de l'herbe par la culture? Que ne fera-t-on pas des poissons en les traitant avec autant d'art! Partout où l'homme apporte ses soins, la nature apporte ses fruits.

Quelques incrédules hochent la tête et disent: Laissez agir la nature, vous ne ferez pas mieux qu'elle... Eh! messieurs, songez que c'est par la culture que nous avons obtenu le blé, que la nature d'elle-même ne nous l'eût jamais donné; qu'il en est de même de presque tous nos fruits et de nos végétaux alimentaires. Ce qu'il y a au monde de plus fécond, c'est l'alliance de l'homme avec la nature, et il est urgent que de plus en plus nous apprenions à travailler avec la grande ouvrière: elle est prête, nous l'aidant, à peupler les rivières, les fleuves et les mers d'êtres nouveaux qu'elle ne produirait pas seule, de même qu'elle n'a pas produit seule la plupart de nos fruits. La nature est une vaste embryogénie, d'où la volonté de l'homme pourra un jour, avec plus de science, évoquer des êtres nouveaux; le travail de l'homme est appelé à avoir son influence sur tout ce qui a vie. Dieu l'a voulu pour compagnon de son œuvre.

Dira-t-on que les animaux ne se modifieront pas, comme quelques végétaux l'ont fait? Mais voyez ce que la zoologie agricole a fait des bêtes de boucherie. Voyez ce que nous avons obtenu des bœufs, des moutons, des porcs, des chevaux, pour nos différents besoins! le chien lui-même n'est-il pas un être formé autant par l'homme que par la nature?

Reconnaissons avec la science actuelle, qu'il n'y a pas d'animal, pas d'arbre, pas de plante, qui ne se puisse modifier par l'éducation, par le changement de milieu, continué patiemment de génération en génération. Des milliers d'êtres nouveaux attendent le travail de l'homme pour apparaître en ce monde (1). LE TRAVAIL CRÉE. Voyez ce qu'ont fait, depuis quelques années, les horticulteurs! combien de variétés ont rayonné d'une même espèce, pour le charme de nos yeux! Que sera-ce, lorsqu'il s'agira de la nourriture des générations affamées? Crions donc de toutes nos forces : *Courage!* à tous les travailleurs, à tous les chercheurs, à tous les compagnons d'œuvre de notre grande mère, la nature.

La pisciculture grandira, s'universalisera, comme l'ont fait avec les siècles, l'agriculture, l'horticulture, etc. *Culture*, voilà la tâche de l'homme. Quand Dieu plaça Adam dans ce beau jardin de nature, il l'y mit *ut operaretur eum*, pour qu'il le cultivât; mais il faut cultiver ce jardin dans toutes ses parties, dans tous ses êtres... N'oublions pas qu'il faut surtout que l'homme se cultive lui-même; car la culture sacrée entre toutes, c'est la culture de l'âme.

(1) *On peut avec le temps créer à nos yeux, c'est-à-dire amener à la lumière une infinité d'êtres nouveaux que la nature seule n'aurait jamais produits.* — Quel téméraire a osé dire cela? — C'est Buffon, dans son *Histoire naturelle des oiseaux*, à l'article PIGEON.

Grâce à la fécondation artificielle, voici venir l'*art d'ensemencer les mers;* et cet art, que trouve-t-il à sa naissance? Moquerie, indifférence, mauvais vouloir.

Quand donc les hommes comprendront-ils leurs véritables intérêts? ON PEUT FAIRE DE L'OCÉAN, UNE FABRIQUE IMMENSE DE VIVRES POUR LES PEUPLES, entendez-vous, nations?

L'Océan, devenu un laboratoire de subsistances azotées, plus productif que la terre elle-même, et par son étendue et par sa fécondité! les fleuves, les rivières, les moindres étangs fertilisés; toute famille rurale pouvant ensemencer un petit étang de carpes, de tanches et de cent variétés, incréées jusqu'ici!

Voilà, quand le travail des hommes se dirigera de ce côté, les destinées réservées à la pisciculture.

VIII.

C'est l'ordre, au lieu de l'anarchie, qu'il s'agit de mettre dans le monde des eaux. J'ai été un des moindres soldats de cet ordre; mais je n'en raconte pas moins mes campagnes avec fierté, quoique quelques-unes aient été des défaites; mais, au milieu de mes désastres, je me rappelais le mot de la Sibylle :

Tu ne cede malis, sed contrà audentior ito.

Ah! que M. Berthot eut raison de me dire: *Les vraies difficultés se réduiront aux empêchements qui vous seront suscités par autrui...*

Au moment même où je contemplais avec amour l'éclosion de ma couvée, je vis arriver, dans la rivière que je devais repeupler, une troupe de cureurs qui, à pleines pelles, jetaient le frai sur les banques. Ces cureurs, envoyés par l'administration, venaient agir précisément en sens contraire des travaux que j'avais dirigés, entrepris aussi par les soins administratifs. Les choses en sont là, c'est-à-dire que l'industrie nouvelle est entravée encore par une réglementation surannée et désormais impossible.

L'année dernière, dans un espace de 7 kilomètres, plus de trente mille embryons ont été ainsi jetés sur les banques.

N'est-il pas affligeant de voir détruire d'un côté ce que l'on crée de l'autre?

Je sais que les rivières demandent à être curées; mais demandent-elles à l'être juste au moment de l'éclosion du frai? Pourquoi ce curage n'aurait-il pas lieu dans un autre temps, après la récolte des foins par exemple?

J'ose demander aussi pourquoi vers les sources des rivières, où les poissons frayent de préférence, où généralement il n'y a plus d'usines, où presque toujours l'eau coule rapide sur un lit de cailloux sans y laisser aucun dépôt de vase, je demande, dis-je, à quoi bon le curage dans ces endroits.

Pourquoi aussi dans les autres parties des rivières n'ordonnerait-on pas aux gardes de marquer les frayères (d'ailleurs très visibles et toujours creusées aux endroits exempts de vase), afin que les cureurs les respectassent? Cela déjà s'est pratiqué avec succès pour quelques frayères ainsi recommandées.

Mais, Dieu merci, tout cela va changer; le curage, on nous le promet, n'aura plus lieu dans la saison du frai, mais en automne, après la rentrée des foins, époque où les petits poissons, déjà vigoureux et alertes, peuvent fuir la pelle et les pieds des cureurs.

IX.

Disons, avant de terminer, que des observations microscopiques nous ont permis de constater que les animalcules spermatiques de la laitance (chez les truites) ne vivent pas au delà de dix minutes, après leur émission au dehors. N'omettons pas ce renseignement, que les œufs d'une truite morte depuis vingt-quatre heures et apportée d'une autre vallée, furent quatre à cinq jours de moins à éclore que tous les autres, sans que nous sachions à quoi attribuer cette circonstance. Je dois encore signaler ce détail, que des œufs déposés tout simplement au fond d'une assiette, et changés d'eau quatre ou cinq fois seulement pendant la durée de l'incubation, ont éclos très bien. Nous avons eu aussi occasion de remarquer des différences à peine croyables dans le développement des jeunes poissons, selon que les eaux étaient plus ou moins courantes, et plus ou moins abondantes en nourriture. Suivant l'espace, suivant la nourriture et le renouvellement de l'eau, les uns, après quelques mois d'éclosion, étaient dix fois plus gros que les autres. Il est vrai que les mêmes différences s'observent entre des poissons éclos, nourris et élevés ensemble.

J'ai desséché des œufs de truites : ils étaient, dans cet état, devenus durs et brillants comme des pierres fines, et ridés comme des pois secs. Après quelques semaines, je les ai remis dans l'eau : ils ont repris leur forme. Mais ils ne m'ont point donné d'éclosions.

Cette expérience n'en a pas moins parfaitement réussi ailleurs. On a pu voir là combien l'ovologie animale, dans les derniers degrés de l'échelle, se rapproche de l'ovologie végétale. Les poissons, créatures inférieures, restés eux-mêmes, en quelque sorte, dans leur milieu liquide, à l'état embryonaire, se rapprochent des végétaux dans ce grand phénomène de la fécondation. Cela est si vrai que très probablement, dans le commerce, on parlera bientôt de graines de poissons, comme on parle de graines végétales. (Cette expression est même depuis longtemps usitée en Chine.) Les poissons, par leur fécondation aussi bien que par d'autres caractères, nous montrent qu'ils sont placés aux degrés inférieurs de l'échelle animale; on s'y ressent encore du voisinage de la plante. Dans l'un et l'autre règne, fécondation extérieure, et possibilité de conserver les germes fécondés à l'état d'œufs ou de graines. Au-dessous des poissons et au-dessous des mollusques, ce caractère végétal se manifeste dans l'adulte lui-même. Les zoophytes ne sont en effet que des animaux-plantes.

Quant à l'expérience de la castration, nous ne l'avons point essayée; mais M. Berthot nous a écrit à ce sujet, et au sujet de la dessiccation des œufs: « Vous avez raison de croire qu'on peut revêtir les » œufs de coquilles artificielles et les transformer en » graines maniables et transportables, qui peuvent » se conserver comme les œufs de vers à soie; j'ai » réussi à en faire éclore : ils ressemblaient à de jo- » lies petites graines, ou mieux encore à des bon- » bons : c'est désormais un fait acquis, comme la » castration des poissons mâles que j'ai effectuée » avec un succès complet. »

Ajoutons que l'observation assidue des poissons pendant toute une année, nous a fait découvrir chez eux plus d'intelligence que nous ne l'avions pensé.

d'abord, et qu'il nous a été permis là de constater, une fois de plus, qu'un même esprit, à des degrés divers, anime tous les êtres.

M. Coste a dit des choses charmantes des épinoches; des choses aussi charmantes se pourraient raconter de toute créature bien observée. Toutes sont intéressantes et touchantes dans leurs jeux, dans leurs amours, dans leurs chasses, dans leurs combats, dans leurs moyens d'attaque et de défense. Et que de leçons, presque dans tous les arts, elles peuvent donner aux hommes! Bernard Palissy étudia chez les animaux l'art de fortifier les villes. Réaumur, chez les seuls insectes, retrouva la pratique de presque toutes nos industries.

X.

Nos expériences ont été faites, je l'ai dit, sur des truites; donnons donc, pour terminer ces notes d'une première année d'études, quelques-unes de nos observations sur ce poisson, qui semble être vraiment la grâce et l'ornement des eaux courantes.

La truite aime une eau rapide, limpide, accidentée dans son cours, tantôt se précipitant sur un lit de cailloux, tantôt coulant avec calme sur un sable tranquille et même sur la vase où elle aime à s'enfoncer quelquefois, et à dormir durant une partie du jour. Elle se plaît aussi dans les grands trous sombres, mais ce qu'il lui faut surtout, ce sont les chutes d'eau, sous le torrent desquelles elle puisse être en quelque sorte violemment lavée. Pour trouver ces chutes, à de certains moments, les truites, habituellement cantonnées dans un espace assez restreint, remontent de plusieurs lieues le cours des rivières. Nous en avons vu, lorsque des barrages leur étaient opposés (tels que déversoirs, auxquels aboutissent toujours ce qu'on appelle les *fausses rivières*, auprès des usines), nous en avons vu, dis-je, en présence de ces obstacles, faire des efforts presque incroyables pour les franchir, et souvent y parvenir par leur persévérance et leur prestesse.

La truite se plaît à passer et repasser dans les herbes aquatiques les plus touffues; elle aime leur chatouillement sur son corps; il semble qu'elle éprouve une sorte de volupté à tout ce qui la frotte ou l'essuie : *essuyer* est bien le mot qui convient, car non-seulement elle a besoin du frôlement de ces longues herbes, mais même, dans de certains moments, elle demande à être grattée et pour ainsi dire raclée par tout le corps. De là pour elle nécessité d'avoir du galet et des cailloux sur lesquels elle se frotte en passant. (Notons que ce besoin est tel que la truite, ordinairement si prompte à fuir, se laisse pourtant chatouiller sous le ventre par les pêcheurs qui la prennent ainsi à la main.) Il faut ajouter à ces conditions, de l'espace afin qu'elle puisse se lancer contre le fil de l'eau avec la rapidité de la flèche. C'est par cet exercice qu'elle centuple la vitesse du courant et augmente sur toute la surface de son corps la force de frottement du liquide.

Je crois toutes ces conditions nécessaires à sa santé, à sa reproduction, à sa vie, à sa bonne qualité comme aliment destiné à nos tables. Il importe donc de ne contrarier les truites dans aucun de ces goûts (que la nature ne leur a point donnés sans motifs), si on ne les veut voir languir, devenir infécondes et peu à peu disparaître.

Comme certains oiseaux (hirondelle, colibri et tant d'autres), la truite ne peut vivre qu'en liberté. Captive, on la voit prendre un aspect morne et périr. On sait qu'une des beautés de ce poisson, c'est la tenue toujours parfaite de ses nageoires, leur transparence, leur tension et leur frissonnement perpétuel ; mais, s'il perd sa liberté, à l'instant même ses nageoires prennent l'aspect de voiles mal tendues; elles deviennent flasques, perdent leur transparence, on les voit alors se couvrir d'une sorte de sécrétion blanche. Les premiers symptômes de cette maladie se manifestent à la nageoire caudale, puis peu après à la nageoire dorsale, d'où ils s'étendent au dos, aux côtés, à tout le corps, et amènent enfin la mort.

Une truite, captive depuis une dizaine de jours, commençait à être atteinte de cette maladie et aurait certainement succombé; mais voici ce que j'imaginai :

Ayant fait creuser une petite rigole d'environ 40 centimètres de largeur sur 20 de profondeur, j'y déposai la malade. Ce petit canal était alimenté par une eau courante très pure, qui à son arrivée se précipitait dans la rigole d'une hauteur d'environ 30 centimètres. L'endroit où tombait cette eau avait été, à dessein, tenu beaucoup plus profond, mais aussi de moitié plus étroit que le reste du canal, de telle sorte que ma truite ne pouvait s'y tenir horizontalement. Eh bien! l'instinct vraiment admirable de cet animal la fit, pendant trois jours, se tenir verticalement, la tête en haut, sous le coup de l'eau; et je pus observer, après ces soixante-douze heures de *nettoiement*, que la malade se trouvait visiblement mieux.

Qu'il me soit permis de montrer encore, par un nouveau trait, combien la pisciculture peut être à la fois une étude utile et charmante.

J'avais déposé, à l'époque des amours, une truite mâle, dans un petit vivier circulaire de 2 mètres de diamètre sur environ 40 centimètres de profondeur; ce vivier était alimenté par un petit ruisseau limpide; ma truite mâle, seule au fond de ce vivier, y resta pendant huit jours morne et immobile, je la croyais malade; mais lui ayant donné pour compagne une femelle, je la vis aussitôt s'animer, nager en folâtrant autour de sa camarade, la toucher du nez, de la queue, lui passer sous le ventre, sur le dos; et la femelle de fuir aussitôt et de se laisser atteindre et caresser pour prendre de nouveau la fuite. C'étaient des jeux, une joie que l'on ne pouvait s'empêcher de partager en la contemplant. Jamais le mâle ne quittait la femelle; si elle se promenait, il la suivait; si elle dormait, il se tenait auprès d'elle. Mais voici ce qui me confondit: La femelle, par suite d'une mauvaise disposition du vivier, ayant sauté par-dessus la grille qui barrait l'orifice d'amont du petit canal de décharge, se trouva presque à sec, couchée sur le côté, dans ce canal dont l'eau n'avait pas 2 centimètres de profondeur. Eh bien! le mâle, sautant comme la femelle, par-dessus le grillage, alla la rejoindre, et c'est là que je les trouvai tous deux couchés et presque expirants l'un sur l'autre.

Spectacle inattendu, de voir un poisson, par amour, se précipiter hors de l'eau!

Ce sont là les plaisirs du pisciculteur. Quand les hommes sauront mieux ce qu'est l'étude de la nature, ils y accourront tous. Raison, utilité, poésie, contemplations divines, tout y est.

En ce moment notre couvée va à merveille et croît à vue d'œil... Nous vous quittons, lecteur, pour aller quelques instants lui donner nos soins et contempler, au soleil couchant, les jeux de nos jeunes élèves : nous vous souhaitons, pour égayer votre soirée, un aussi agréable spectacle.

DEUXIÈME PARTIE.

I.

Quand on s'occupe d'un art encore à sa naissance, il faut brûler aujourd'hui ce qu'on écrivait hier, il faut modifier non-seulement les livres, mais tous les procédés et jusqu'aux instruments dont on se sert; parfois même il est bon de reprendre quelques-uns des procédés anciens abandonnés un instant. C'est en ce moment ce qui arrive à la pisciculture : si elle veut vivre, il faut qu'elle retourne de dix ans en arrière, qu'elle revienne aux procédés très simples de ses deux inventeurs, Rémy et Géhin.

Ces deux pêcheurs imaginèrent, lorsqu'ils prenaient des poissons sur le point de frayer, d'en extraire les œufs, de les mêler artificiellement avec la laitance des mâles, et de les déposer, ainsi fécondés, entre des cailloux au fond des rivières. A leur grande joie, ils virent leurs couvées éclore ; mais ils ne tardèrent pas à s'apercevoir que les petits poissons, au sortir de l'œuf, chargés d'une loupe ou vésicule ombilicale beaucoup plus lourde qu'eux, se trouvaient dans l'impossibilité de se remuer, et disparaissaient 99 sur 100, dévorés par les poissons plus grands, par les grenouilles, les insectes, rats, oiseaux pêcheurs, etc. Qu'y avait-il à faire? une chose très simple : enfermer les œufs pendant l'incubation dans des boîtes criblées de petits trous, déposées sur le galet, dans une eau courante, et les y laisser, à l'abri de leurs ennemis, un mois encore après l'éclosion, c'est-à-dire jusqu'à l'absorption de la loupe ou vésicule alimentaire. Puis, au sortir de ces boîtes, les parquer à part. Voilà toute l'invention, elle était d'une admirable simplicité, et produisit des résultats merveilleux.

II.

Si une telle expérience devait frapper quelqu'un parmi les savants, c'était assurément ceux qui s'occupaient d'études embryogéniques. Ils trouvaient dans la fécondation artificielle une occasion inattendue de suivre de l'œil, dans toutes ses phases, le développement fœtal; mais pour cela il est bien clair qu'il fallait renoncer aux boîtes de Rémy et Géhin, plongées au fond des rivières; l'idéal, pour le physiologiste, était, non plus d'enfermer l'œuf, mais de le suspendre au milieu d'un filet d'eau limpide, renouvelée goutte à goutte, dans de petits appareils parfaitement éclairés et transparents, qu'ils pussent tenir sous leurs yeux et sous leur microscope, au milieu même de leurs laboratoires. Un appareil très ingénieux, qui réalisait toutes ces conditions, fut bientôt établi par M. Coste, au Collége de France. Au point de vue de la science, le succès fut complet. M. Coste put faire ainsi des observations très curieuses; et, grâce à ses travaux, grâce au concours de quelques-uns de ses collègues, les sciences embryogéniques furent enrichies de faits importants.

III.

Le gouvernement, de son côté, ému avec raison à cette découverte de la fécondation artificielle des œufs de poisson, et comprenant tout le parti qu'on en pourrait tirer pour le repeuplement des rivières, eut l'heureuse idée de créer un vaste appareil incubatoire, d'où l'alevin pût être distribué à toute la France. Huningue alors vit s'élever son immense *châlet aux poissons*, construit sur les plans heureux de M. l'ingénieur Detzem. Sept ruisseaux coulant sous un magnifique hangar de cinquante mètres de long furent destinés à l'éclosion de millions d'œufs. Ces sept ruisseaux formaient ensuite, au dehors, quatorze gracieux réservoirs à eau courante, disposés en fer à cheval et contenus les uns dans les autres. Ces quatorze réservoirs et trente-deux étangs de forme irrégulière et de toutes grandeurs étaient destinés à recevoir les poissons de diverses espèces et de différents âges.

Le lieu, du reste, situé aux portes de la Suisse, était admirablement choisi, puisque de là on pouvait se procurer en abondance toute espèce de poissons d'eau douce, tirés des ruisseaux de la forêt Noire, des lacs suisses, du Rhin et même du Danube.

IV.

Cette opération si simple de féconder les œufs, de les enfermer dans des boîtes et de les mettre éclore au fond des canaux, n'était plus qu'une opération de manœuvre. Malheureusement les savants qui s'imaginaient avoir perfectionné la découverte des deux pêcheurs, et qui l'avaient perfectionnée en effet, en transformant leur procédé très simple en l'une des plus belles expériences scientifiques des temps modernes, prétendirent avoir droit de seigneurie dans le *château des poissons*. Ils s'y installèrent et en bannirent tout esprit pratique. Il y avait là d'ailleurs matière à emplois, à cordons, à glorioles ; les rivalités apparurent. Les plus honnêtes gens se troublèrent, se firent opposition et obstacle les uns aux autres. Il ne fut plus possible de s'entendre. Au milieu de cette anarchie, personne ne sachant si Huningue était une succursale de l'établissement scientifique du Collége de France, ou, comme le gouvernement l'avait entendu, une simple fabrique d'alevin, on obtint cependant des éclosions par centaines de mille et par millions. Mais on n'introduisit pas d'espèces nouvelles; on ne s'occcupa que de truites et de saumons (de saumons surtout) ; et l'on ne peupla ni les quatorze réservoirs, ni les trente-deux étangs.

V.

Qu'on juge de ma stupéfaction, lorsqu'au mois de janvier dernier, étant allé visiter cette piscifacture modèle, j'y trouvai *toutes* ces eaux habitées par *un saumon!* Je parle de poissons adultes, car, malgré la saison peu avancée, déjà les éclosions avaient lieu par milliers. Mais dans un établissement de pisciculture construit sur de telles proportions et dans lequel avaient été ménagés *quarante-six réservoirs*, j'avoue que j'aurais voulu trouver quelques poissons, et des poissons de plusieurs espèces ; j'allais à Huningue dans l'espérance d'y voir des étangs peuplés, et j'y trouvais les eaux les plus désertes que j'eusse jamais rencontrées ; l'édifice lui-même paraissait en ruines, la toiture crevée en plusieurs endroits, le cabinet et la chambre à coucher du régisseur lézardés et véritablement inhabitables, quoique habités par un homme charmant, actif, intelligent, plein de zèle. On peut donc dire que la pisciculture a vécu malgré Huningue. Huningue a distribué des œufs fécondés et de l'alevin, mais Huningue n'a *pas fait de poissons.*

Le Collége de France, il est vrai, — après avoir été aux yeux de l'Europe la grande école morale du dix-neuvième siècle, — s'était réservé la gloire de se transformer en une belle poissonnerie. Là quelques truites et quelques saumons ont été élevés à grands frais, et l'on a réussi à y transformer vingt livres de viande en une livre de poisson. On a jeté aussi dans les étangs du bois de Boulogne une quantité considérable de petits saumons qui vraisemblablement seront, sous peu, une nouvelle déception pour la pisciculture. Pour la pisciculture? non, mais pour les pisciculteurs officiels.

VI.

Pendant que l'on faisait toutes ces belles choses, des bonnes gens, çà et là, ayant entendu parler des boîtes de Rémy et Géhin, renouvelaient l'expérience et obtenaient des résultats à peine croyables. L'un d'eux (M. Duboc, près Rouen, à Saint-Martin-du-

Vivier) a repeuplé tout une rivière au delà même de ce qu'elle peut contenir. Les truites d'un an, deux ans et trois ans y circulent par milliers.

Voici sa manière d'opérer :

Les œufs, immédiatement après la fécondation, sont enfermés dans des boites de zinc, rondes, criblées de trous et de diverses grandeurs; on met au fond, préalablement, 2 ou 3 centimètres de gravier bien purgé d'insectes. Les boites ainsi garnies de gravier d'abord et d'œufs ensuite (au nombre de quatre à cinq mille pour des boites de 20 à 25 centimètres de diamètre sur 11 à 12 centimètres de hauteur), les boites, dis-je, ainsi garnies, sont déposées dans un courant d'eau rapide, très claire, coulant sur des cailloux; chaque boite placée de manière qu'elle n'éprouve *aucun mouvement* et en un lieu où il n'y ait point à la déranger pendant quarante-cinq à cinquante jours. Passé ce temps, on les amène à la surface de l'eau, sans les en retirer tout à fait, on les ouvre, et l'on voit que tout est éclos. On les replonge avec précaution au fond de la rivière, et on les y laisse jusqu'à complète absorption de la vésicule, c'est-à-dire encore trente à trente-cinq jours. Ensuite l'alevin est mis en liberté dans des canaux disposés de manière que tout y soit classé par âge. Quelques semaines de différence suffisent pour que les premiers éclos, déjà plus forts, tuent et dévorent les derniers venus. Quant à la nourriture, — si le trop grand nombre des élèves exige qu'on y pourvoie, — elle consiste en œufs de fourmi, viande, poissons, grenouilles, limaces séchées et râpées. Le sang caillé, le mou, les issues de boucheries, peuvent aussi être employés, de même que les vers, asticots, etc. Les poissons d'un an, deux ans et au-dessus sont nourris de vérons, cyprins, que l'on peut élever à part (ces derniers surtout, dans des étangs d'eau stagnante, où ils se nourrissent d'herbes et où ils se multiplient d'une manière qui permet d'en prendre toujours).

VII.

Il résulte de tout ceci que la pisciculture, au point de vue pratique, est bien et dûment morte entre les mains officielles ; mais qu'elle vit et vivra de plus en plus comme industrie privée.

Vraisemblablement, nous ne tarderons guère à voir surgir des fabriques de poissons. Déjà il en existe une, d'un très grand rapport, au Wolfsbrunnen, qui alimente depuis plusieurs années les marchés de Heidelberg.

C'est donc une industrie qui naît ; le rôle de l'État n'est pas de l'exercer, mais de la protéger ; pour cela, toute la législation sur la pêche et sur les cours d'eau doit être changée.

Quant aux savants, disons-leur que la question, au point de vue pratique, est maintenant résolue, et qu'on se peut passer d'eux. Qu'il y ait pour eux, dans la fécondation artificielle, un moyen d'arriver aux plus heureuses découvertes sur les transformations fœtales, à la bonne heure, voilà leur mission; mais qu'ils ne se donnent plus pour des fabricants de poissons. Ils en ont fait éclore, mais combien ont vécu dans leurs mains? ou si quelques-uns ont vécu au Collége de France, à quel prix, à quelles conditions? combien ces poissons vaudraient-ils le kilogramme sur les marchés de Paris? Voilà ce qu'il serait curieux de savoir.

VIII.

Tel est le *post-scriptum* qu'une année d'expériences nouvelles me fait ajouter à ce que j'écrivais l'année dernière. Je n'ai rien du reste à changer aux pages publiées à cette époque. Quoique j'aie pu mieux apprécier les malentendus et les mécomptes des pisciculteurs, la question ne me paraît aucunement avoir perdu de son importance. Je vois même avec plaisir deux choses: que l'industrie nouvelle s'est singulièrement accréditée dans le public, depuis un an, et que l'on commence à sourire du rôle trop prétentieux des savants dans une question tout à fait terre à terre, et qui, chez plusieurs personnes, n'est déjà plus qu'une question de basse-cour. Des petits paysans de quinze à seize ans ont été, chez moi, les opérateurs de cette industrie, et je les ai vus s'y prendre très bien. La fécondation artificielle ne demande plus, je vous le jure, l'austère et très dispendieuse apparition des savants. Un meunier, mon voisin, a réussi cette année admirablement, sans l'intervention d'aucun physiologiste.

Je dois ajouter que, dans notre contrée, nous n'avons opéré encore que sur des truites; mais nous nous proposons, pour le printemps prochain, d'étendre nos expériences à quelques autres espèces. Le beau et très utile travail de M. Coste sur les anguilles sera cause que peut-être nous nous occuperons de cette partie nouvelle et si peu connue de la culture du poisson. La *montée* que l'on peut, au mois de mai, se procurer à peu près pour rien, jetée dans nos mares, dans nos petits cours d'eau, serait pour nos populations une inappréciable ressource. On dit qu'aucun poisson ne grossit aussi vite. Je me suis mis, dès cette année, en mesure de vérifier ce fait. Pour cela, j'ai jeté dans une mare nouvellement creusée soixante-douze jeunes anguilles que je nourris de toutes les limaces de mon jardin; mais je ne puis rien spécifier encore quant au résultat.

IX.

Au milieu de mes travaux, j'ai continué de recevoir de M. Berthot les plus aimables, les plus curieuses communications; et je ne puis résister au plaisir d'en citer quelque chose, entre autres ce fragment sur la culture des carpes :

« .... Vous voulez faire des carpes, et vous me demandez si le procédé est le même que pour les » truites et les saumons.

» Autant vaudrait me demander si les truites et » les saumons sont des carpes ou des brochets.

» En quoi le saumon et la carpe diffèrent-ils?

» Le saumon de notre pays, par exemple, pond » dans l'eau douce et va faire, de temps en temps, » un pèlerinage dans l'eau salée; il pond au mois de » décembre et se plaît fort dans les eaux vives, bat» tues, aérées; il est ichthyophage, sujet par consé» quent aux passions et aux maladies des carnivores » et animaux de proie : les loups et les agneaux » n'ont pas le même caractère; le léopard, n'a pas, » je vous assure, un tempérament de cheval.........

» Quant à la carpe, il suffit de la voir pour s'assu» rer que c'est une pauvre bête inoffensive, incapable » de mordre et de désobliger autrui.

» Les carnivores ont beau s'exalter la cervelle avec

» leurs gloires et leurs victoires, et s'attribuer l'es-
» prit pour allouer aux humbles la sottise, je vous
» dis que l'humilité est la source de toute grandeur,
» et que les imbéciles sont ceux qui font trop de vo-
» lume et de tapage. Les pauvres bêtes ne sont pas
» bêtes puisqu'elles sont pauvres. On peut être mi-
» sérable et sot; pauvre et bête, non; pauvre bête,
» oui. Tâchez donc d'écouter le timbre de la voix de
» quiconque associe, sans conjonction, ces deux pa-
» roles, et vous me direz s'il est possible de les pro-
» noncer sans y mettre l'accent de l'intérêt et de la
» sympathie.

» La carpe pond dans l'eau douce et ne fait pas de
» pèlerinage dans l'eau salée: elle pond au mois de
» mai, saison des fleurs...

» ... La carpe ne dévore personne. Son caractère
» débonnaire et son humeur joyeuse lui procurent
» un tempérament d'excellente nature. Elle est
» pleine de vie et de santé; vous la couperiez en
» morceaux, qu'elle garderait encore l'espoir de vivre;
» est-ce chez elle naïveté ou pressentiment de sa-
» gesse?......

» .... Donc le saumon n'est pas une carpe, et nous
» avons de notre mieux constaté quelques différences
» assez notables entre ces deux poissons; ces diffé-
» rences doivent motiver les modifications à apporter
» au procédé de fécondation et d'éclosion usité pour
» les saumons.

» J'ai fait éclore des œufs de saumon : vous con-» naissez le procédé, il réussit pour peu qu'on soit » soigneux, et peut s'appliquer aussi bien aux pois-» sons de nature semblable, ombres, truites, etc., » sans exiger de modifications considérables.

» J'ai fait éclore des œufs de carpe en opérant » exactement de même; je n'ai pas constamment » réussi, tandis qu'on réussit toujours pour l'autre » espèce.

» Tous les œufs de saumon viennent à bien, sauf » un demi pour cent, et ce déchet s'explique tout » bonnement en admettant qu'ils ont été froissés au » passage ou blessés de quelque manière. Les œufs de » carpe manquent souvent, et quand on obtient des » éclosions, c'est la minorité des œufs en expérience » qui réussit.

» D'où vient cela? Évidemment, c'est que le pro-» cédé demande à être modifié.

» S'il réussit parfois, c'est que les circonstances » se chargent de corriger la méthode défectueuse en » elle-même : il faudrait donc chercher à substituer » au hasard des circonstances, sinon la certitude, au » moins la probabilité que l'intelligence donne aux » gens qui observent attentivement les faits pour » arriver au succès de l'opération qu'ils poursui-» vent.

» Les circonstances où l'on essaie de féconder les » œufs de carpe et de les faire éclore ne sont pas les

» mêmes pour ces poissons que lorsqu'il s'agit de » saumons : le mois de mai n'est pas le mois de dé» cembre. Il paraît donc que la différence de tempé» rature peut servir à corriger, dans certains cas, le » procédé qui est bon pour les saumons et défectueux » pour les carpes. On se procure des œufs de saumon » dans les endroits que ces poissons fréquentent : ils » aiment l'eau claire et aérée ; leurs œufs y viennent » à bien. Les œufs de carpe sur lesquels nous avons » opéré ont été mis dans les mêmes conditions ; nous » pouvons soupçonner que l'eau claire les empêchait » de réussir et qu'au printemps les pluies, les crues » et peut-être les matières en suspension ou en fer» mentation se sont chargées de corriger la crudité » du liquide, pour faire éclore les plus vivaces. Quoi » qu'il en soit, en opérant sur des œufs de carpe » comme sur des œufs de saumon, c'est un hasard si » vous réussissez convenablement.

» J'ai obtenu des éclosions bien plus nombreuses » dans l'eau stagnante. Enfin, je dois vous dire qu'il » faut prendre garde de croire tout perdu parce qu'on » ne voit rien. Vous pouvez avoir des myriades de » jeunes poissons sans les apercevoir : ils sont effi» lés comme des aiguilles et transparents comme le » liquide lui-même où leur corps flotte ; on ne les » distingue que quand ils se meuvent ; le pouvoir ré» fringent de l'eau en mouvement n'étant pas le » même que pour l'eau immobile, on s'aperçoit qu'il

» se passe quelque chose à l'endroit où la petite carpe » l'agite; ajoutez à ceci que ces petits poissons s'é- » chappent au travers des moindres fissures, et que » bien certainement j'ai dû m'imaginer que mes » expériences manquaient lorsqu'au contraire nous » avions parfaitement réussi.

» La reproduction de la carpe est plus facile que » la reproduction du saumon même pour moi, qui » ne peux pas vous dire au juste comment il faut s'y » prendre pour être sûr de réussir et de n'avoir qu'un » déchet de cinq ou six pour cent. Je m'y suis pris » d'une douzaine de façons, et je suis sûr que je » n'ai pas trouvé le procédé auquel il conviendra de » s'arrêter; mais avec la méthode la plus mauvaise » vous en ferez plus qu'il ne vous en faut, si vous » obtenez seulement dix pour cent, ce qui serait l'en- » fance de l'art.

» Ainsi en ne faisant rien du tout et en se con- » tentant de mettre dans un vivier suffisamment » spacieux et convenablement disposé, quelques » carpes mâles et femelles, vous aurez des myriades » de petits poissons qui naîtront tout naturellement.

» Entendez bien ceci : la fécondation artificielle » des œufs de poissons n'est qu'un des expédients » dont il faut faire usage pour bien résoudre le pro- » blème qui correspond à l'art naissant de la pisci- » culture : cette industrie a pour objet, pour les » livrer à la consommation, d'extraire des fleuves,

» rivières et bassins de la France, propriétés de l'État » quasi stériles à cette heure, les richesses alimen- » taires qu'on peut y développer.

» Je vous ai dit cela et je l'ai répété à tue-tête : » Rémy, avec sa fécondation artificielle des œufs de » saumon, a rendu un service immense : lequel ? Il » a mis en campagne un tas de bavards, une foule » de niais, des intrigants et des badauds. Féconda- » tion artificielle a fait éclore pisciculture..... Fécon- » dation artificielle ne veut plus dire : prenez des » œufs, humectez-les de liqueur spermatique, et vous » assisterez à une expérience curieuse de reproduc- » tion. Fécondation artificielle signifie protection des » semences, art du pépiniériste transporté de la » sylviculture à la pisciculture. Prenez-vous y comme » vous pourrez, suivez ou ne suivez pas la méthode » Rémy, mais faites des pépinières à poissons, em- » pêchez les graines de s'éparpiller au vent, faites- » les réussir, protégez vos élèves ; ensuite attaquez » le problème vraiment utile : exploitez les espaces » couverts d'eau par la règle prendre et remettre, » semer et récolter ; depuis assez longtemps vous » gaspillez.

» Pour les perches, je n'ai rien trouvé de plus » avantageux que de m'en aller le long des roseaux » couper délicatement les tiges auxquelles pendaient » les chapelets que les femelles y attachent et qui

» se trouvaient tout naturellement fécondés; mon » talent se réduisait ensuite à les mettre à l'abri » des inconvénients de l'abandon. Par ce moyen, » vous aurez de l'alevin de perche autant que vous » voudrez.

» Faites de l'alevin, faites de l'alevin, par le pro» cédé Rémy, par un moyen de votre invention, par » un expédient quelconque, artificiellement, naturel» lement, tout simplement en laissant faire les pois» sons dans des espaces abrités où vous les surveil» lerez et protégerez; allez-en chercher dans les » rivières, partout où vous pourrez, préservez, en un » mot, les œufs et les petits poissons de la destruc» tion qui les menace de toutes parts. Vous voulez » reboiser les montagnes, faites des pépinières; vous » voulez réempoissonner les fleuves, faites de l'alevin: » cherchez et vous trouverez. C'est inutile de con» sulter pour savoir comment on réussit à Besançon, » à Huningue; on réussit partout en s'y prenant bien; » on s'y prend bien quand on travaille: travailler » c'est prendre de la peine pour en épargner aux » autres; quiconque réfléchit sur soi-même ses pro» pres efforts ne fera jamais œuvre grande: croyez, » aimez et espérez.

» Faites des poissons communs, carpes, barbeaux, » tanches, perches, vérons, goujons, poissons blancs: » voilà la vraie richesse; assez d'autres sans vous » feront des truites, des saumons, des esturgeons et

» des silures . . . .

» . . . . . . Ne m'appelez plus mon cher » maître, faites de l'alevin. Questionnez Pierre et » Paul, on ne vous instruira pas beaucoup; observez » attentivement, travaillez en vue des gens qui at- » tendent et qui méritent un sort meilleur: vous » vous instruirez davantage et vous gagnerez le pa- » radis, non sur la terre, il n'y est pas, mais il existe » et vous le trouverez au rendez-vous commun des » honnêtes gens. »

On a publié, par centaines, des rapports, des discours, des traités sur la pisciculture ; mais l'industrie nouvelle n'a inspiré encore à personne, je vous le jure, des pages comparables à celles que vous venez de lire.

X.

Je ne m'en suis pas tenu, depuis l'an dernier, à de nouvelles expériences. Un voyage a été entrepris par moi, au milieu des neiges, pour visiter Huningue et les plus célèbres pêcheurs de la Suisse. La ville de Bâle conservera sans doute dans ses annales le souvenir de trois voyageurs solennels qui lui arrivèrent au commencement de janvier dernier. Ces trois voyageurs étaient M. le docteur Pouchet, son fils et moi, qui les accompagnais ou plutôt les suivais très humblement. J'aurais voulu, pour marcher à côté de ces messieurs en triomphateur, parmi les pêcheurs suisses, avoir à mon chapeau le plus beau des panaches; mais hélas! je n'avais rien que mon attitude villageoise et bonasse. J'avais cependant deux yeux à la tête pour voir, et si je ne vis pas à Huningue toutes les merveilles que j'avais espérées, je pus contempler les magnificences de la Suisse, et, dans le duché de Bade, les sublimes horreurs de la forêt Noire, couverte d'un mètre de neige. Si je ne rencontrai pas au bord du Rhin, le célèbre pêcheur Glaser, je m'en consolai en voyant, à Schaffhouse, le fleuve se précipiter de quatre-vingts pieds de haut à travers les rochers. J'avoue qu'à ce spectacle et au bruit formidable des eaux ainsi lancées dans l'abîme, j'oubliai quelques instants la pisciculture. Je ne pensais plus qu'au beau fleuve bouillonnant et terrible à quelques pas de nous, et qui coulait si calme et si limpide à nos pieds.

Rien n'est plus sain que d'aller, disait Voltaire; je l'éprouvai bien durant ce voyage, qui me donna l'occasion (que je n'aurais peut-être jamais eue) de voir la Suisse en hiver, avec ses neiges, son vent glacial et ses torrents gelés, suspendus aux montagnes en stalactites immenses.

Voilà ce que je dois à la pisciculture; que d'autres plaisirs encore elle m'a fait goûter!

Ah ! la vie active, la culture, les voyages, voilà la véritable existence de l'homme ! Revenez-y, jeunes gens. Ce petit voyage, non exempt de dangers, au milieu des chemins glacés et des précipices de la *Vallée-d'Enfer*, nous causa de si vives et si fortifiantes émotions, que l'un de nous, M. Georges Pouchet, prenant goût aux voyages, résolut de faire partie de l'expédition qui alors se préparait pour la recherche des sources du Nil ; et le voici, à l'heure même où j'écris, qui part avec cette expédition. Espérons pour les hardis voyageurs un succès égal à leur courage.

XI.

Pendant qu'ils iront ainsi, intrépidement, à la recherche des sources du grand fleuve, restons à la pisciculture au bord de nos étangs. Ne faisons pas de bruit, écrivons peu de rapports, mais faisons du poisson. Protégeons les germes, tout est là. Quelle richesse pour le monde, le jour où les hommes auront mieux appris, en toutes choses, à protéger, à développer les germes ! L'art de soigner les êtres dès l'embryon constitue une science nouvelle que quelques insectes seuls, jusqu'ici, ont connue et mise en pratique ; c'est en donnant une nourriture différente à leurs larves, que les abeilles produisent à volonté et en aussi grand nombre qu'il leur plaît, des générations physiologiquement si différentes, et si différentes par leur destinée, que quelques individus seuls sont doués de sexe. La nature nous donne là une de ses plus instructives leçons : l'*éducation dès le germe*, voilà ce que nous enseignent les abeilles, les fourmis, les termites, etc. L'ancienne langue française avait pour synonyme du mot *éducation* le mot *nourriture :* quel trait de lumière dans cette concordance de mots ! La *nourrice*, en effet, est le premier de nos maîtres d'école. Quelle révolution étrange de toute l'espèce humaine se pourrait faire par les nourrices ! — Voyez, je vous prie, dans Rabelais, l'éducation du jeune Gargantua, enlevé à ses anciens pédagogues.

Mais revenons à la pisciculture, c'est-à-dire à l'art de sauver les germes. Cette surveillance de la germination par l'homme n'a été pratiquée jusqu'ici que sur le monde végétal, et nous en avons vécu ; l'heure est venue enfin où la germination sera surveillée chez tous les êtres, et je ne crains pas d'avancer que, dans un temps donné, les richesses du genre humain en seront quintuplées.

XII.

On a fait contre la pisciculture une objection plaisante : on a dit qu'en multipliant le poisson, dont la chair, suivant Hippocrate, a une grande vertu prolifique, on accroîtrait le chiffre des naissances et celui des populations. Des pisciculteurs qui font des poissons par écrit ont pris soin de réfuter ces folies; que ne répondaient-ils : Si le nombre des naissances augmente, tant mieux! plus il y aura d'hommes sur la terre, plus la nature deviendra féconde. Ce n'est pas pour rien qu'il a été dit à tous les êtres : Croissez et multipliez. Cela est écrit non-seulement dans la Bible, mais dans chaque globule du sang qui anime toutes les créatures.

Élevons donc sans crainte autant de poisson que nous pourrons en nourrir; s'il rend à nos générations épuisées un peu de vigueur, nous en bénirons le ciel et nous glorifierons les deux pêcheurs illettrés : Rémy et Géhin.

Puisque notre pensée, en terminant, se reporte sur ces deux inventeurs d'un art qui a tant fait écrire les savants, citons, pour notre conclusion, ces paroles de Voltaire : « Je remarque toujours que l'esprit » d'invention est de tous les temps... Les doc» teurs..... ont beau n'avoir pas le sens commun, il » se trouve toujours des hommes obscurs, des artis» tes animés d'un instinct supérieur, qui inventent » des choses admirables sur lesquelles ensuite les » savants raisonnent. »

XIII.

N'imitons pas ces gens à babil, soyons brefs en paroles et copieux en produits. Mettons fin ici à cette causerie, déposons la plume, reprenons les sabots du pisciculteur et retournons au bord de nos étangs. De grands travaux, de grands plaisirs, de grandes émotions, nous y attendent.

Pourtant, avant de terminer, poussons ici un cri de détresse, appelons à notre secours l'intervention du législateur, nous créons des poissons, et cependant les rivières sont au pillage.

Il y a quelques règlements sur la pêche, sur la vente du poisson, mais ces règlements mêmes ne sont pas exécutés. Nous sommes, de ce côté, en pleine barbarie. Il nous faut vivre armés comme au moyen âge, et tout à l'heure il nous faudra bâtir, au bord des rivières, des tourelles à machicoulis. Un pisciculteur de mes amis ne dort que l'arme au bras, et sa cour, pour appeler du renfort, est sillonnée de cordons de sonnettes.

Moi, j'en suis réduit à faire garder mes étangs par un chien effroyable que l'on appelle *Tonnerre*. N'est-il pas honteux que le pisciculteur n'ait encore, pour protéger son travail, que ces moyens dignes des peuples sauvages ?

Je crie donc ici de toutes mes forces aux législateurs : Messieurs, nous avons dans nos mains des millions de germes, c'est-à-dire des sources de vie ; ne les protégerez-vous pas ? Nous laisserez-vous nous faire nous-mêmes cette justice brutale, avec nos fusils, nos sonnettes, nos combats nocturnes et mon horrible chien *Tonnerre* ?

Je vous déclare que ceci est un reste de la vieille anarchie vaincue en 89, et qu'il est temps d'y mettre *ordre*.

XIV.

Je me crois toujours arrivé au terme de cette causerie, que j'aurais voulue plus brève, mais je m'aperçois, au bout de chaque alinéa, qu'il me reste encore quelque chose à dire. Voici une observation qui n'a, je crois, été faite par personne et qui peut avoir son utilité. J'ai dit, l'année dernière, les ravages causés par les crevettes dans mes ruisseaux d'éclosion ; je m'en étais garanti cette année parfaitement. Lorsque l'alevin n'a plus sa vésicule, on peut le déposer sans inconvénient dans les ruisseaux peuplés de crevettes ; loin de nuire aux jeunes poissons, les plus petites d'entre elles ne tardent pas à devenir leur proie. Mais dans de tels ruisseaux, ne vous servez jamais de cordes pour attacher quoi que ce soit, car en peu de jours vous les verriez disparaître jusqu'au dernier brin dévorées par ces petits crustacés. Les curieux pourront même, par ce moyen, se donner le spectacle de l'étonnante voracité de ces bestioles.

Dans le cas où quelques pisciculteurs jugeraient utile d'avoir des ruisseaux à crevettes destinées à la nourriture de poissons ichthyophages, surtout de truites qui en sont très friandes, il n'est pas inutile de savoir qu'on les pourrait nourrir et engraisser vite, par millions de millions, avec des débris de cordages.

XV.

Je voulais finir ici, lecteur ; mais il faut que je jette un nouveau cri d'alarme, il faut que je fasse retentir aux oreilles des magistrats et du peuple *le tocsin de la pisciculture*...

En huit jours, à deux reprises encore, les maraudeurs, avec une incroyable audace (à l'aide de grands filets qu'ils traînent au fond de l'eau), ont dépouillé cinq ou six kilomètres de la rivière où nous devons déposer le fruit de nos travaux de l'année.

Pense-t-on qu'il soit encourageant pour nous de voir le produit de nos soins devenir la proie d'une troupe de malfaiteurs?

Il ne s'agit pas ici d'un poisson pris par un pauvre diable pour régaler ses amis un jour de fête ou pour l'offrir à quelqu'un en retour d'un service rendu.

Toute propriété sans doute doit au passant qui a soif le tribut d'une pomme; mais qu'une bande de voleurs avec gaules, sacs, voitures, s'introduise nuitamment dans un verger, enlève la récolte, brise les clôtures et rompe les arbres eux-mêmes, qui pourra tolérer ce scandale?

Les rivières, dans le nouvel état de choses créé par la pisciculture, sont assimilables aux vergers; elles ne sont plus en effet peuplées seulement, comme autrefois, du produit spontané et vague de la nature; leurs richesses ichthyologiques sont (et doivent être de plus en plus) le fruit du travail.

On peut dire que le lièvre aux champs n'appartient à personne, puisqu'il vague d'une terre à l'autre; que d'ailleurs il est le produit de la seule nature et que, vivant aux dépens de tous, tous ont droit sur lui. Mais le poisson devient de nos jours le produit d'une culture et d'une industrie humaines; la pêche illicite n'est donc plus assimilable au simple braconnage; elle doit être considérée comme vol, c'est-à-dire comme trouble et perturbation dans le travail d'autrui.

Voyez quel contre-sens! Pendant que, pour conserver encore quelque gibier en France, on redouble de sévérité contre le braconnage, on ne fait rien pour empêcher la dilapidation des rivières.

Il faut ou que ceci change, ou que l'on renonce à la pisciculture; et pour nous, c'est ce que nous ferons.

Nous élevons donc la voix pour demander, au nom de l'industrie nouvelle, que le colportage du poisson de rivière soit prohibé dans la saison du frai; pour que la vente sur les marchés publics ni ailleurs n'en soit pas permise, si le poisson n'atteint une longueur déterminée. (Il y a, nous le savons, des règlements dans ce sens; qu'ils soient donc mis à exécution.)

Nous demandons, en outre, que le poisson d'eau douce, comme celui de mer, ne puisse être vendu qu'à la criée publique, et que toute personne qui en présentera sur la table de vente soit tenue de déclarer ses nom, profession et domicile au crieur, qui les enregistrera sur un livre disposé pour cela, avec la quantité de poisson, la date de la vente et la désignation des espèces vendues.

Et pourquoi même le droit de pêche ne se paierait-il pas, comme le droit de chasse?

Qui dit pisciculture dit surveillance dans la production, l'éducation, l'alimentation, la pêche, le transport et la vente du poisson.

Sur ce point une grande révolution est à la veille de s'accomplir, et il appartient au gouvernement français de la protéger. Par ce mot révolution j'entends toujours passage de l'anarchie à l'ordre.

Quand régnait le droit du plus fort, quand le seigneur féodal, dans son manoir, prétendait confisquer à son profit unique la création tout entière, il y avait je ne sais quelles justes représailles dans lehardi et joyeux coup de main du maraudeur et du braconnier; ils étaient les insoumis et les braves d'un monde hébété de servitude. Mais de nos jours, par quel nom les désignerons-nous? Ne seraient-ils pas les déserteurs et les traîtres du camp des travailleurs, les conservateurs misérables de l'ancien chaos social?

TROISIÈME PARTIE.

I.

Ce qu'il faut conclure de tout ce qui précède c'est que la pisciculture est une opération rurale, mal placée aux mains des savants, et qu'il importe de rendre à la classe des bonnes gens qui l'ont inventée, c'est-à-dire aux paysans.

L'art de multiplier les poissons n'est autre chose en effet qu'une culture nouvelle.

On est fort occupé depuis quelque temps, et avec raison, de domestications et d'acclimatations ; la fécondation artificielle n'en est-elle pas une des parties les plus importantes ? Que de poissons étrangers pourront être introduits dans nos eaux, grâce à cette découverte ! Songe-t-on que jamais cet art n'a été mis en pratique, et songe-t-on que les peuples anciens ont su mettre au service de l'homme tout ce que nous avons d'animaux domestiques dans nos basses-cours, dans nos étables, dans nos bergeries, dans nos champs et dans nos maisons; et que le moyen âge hébété, dont nous sortons à peine, ne nous a transmis, comme conquête sur le règne animal, que le faisan et le dindon? La bête était proscrite, excommuniée; une cléricature d'idiots apprenait au peuple à voir dans l'animal une créature du diable; il ne figurait aux églises que sous la forme hideuse des gargouilles: c'était là toute l'histoire naturelle de ces temps que les historiens aiment.

Mais Buffon, mais Cuvier, mais Geoffroy Saint-Hilaire sont venus: l'animal est réhabilité. Ce fut là une de nos révolutions les plus fécondes, non pas seulement révolution philosophique, mais révolution populaire. Le peuple, ne pouvant plus croire à cette malédiction du monde inférieur, s'est remis à aimer les bêtes. La pisciculture en est née.

Qu'on ne se figure pas qu'il y ait eu là seulement cupidité de pêcheur, amour du gain! Rémy et Géhin n'auraient point passé, pendant six mois, de longues heures, étendus sur la neige, le long des rivières, *appuyés sur leurs mains, le cou tendu, la tête en surplomb, observant le silence absolu, l'immobilité parfaite* (comme nous les représentent MM. Berthot et Detzem), pour étudier les poissons, s'ils ne les avaient aimés. Peut-être eux-mêmes seraient-ils bien aises de dissimuler cet enfantillage d'une telle amitié, mais soyez certains que ce sentiment n'en fut pas moins leur principal mobile.

Je connais une famille de pisciculteurs distingués : leur maison est une véritable confrérie de bêtes. Toutes se sont apprivoisées dans leur colonie. Mais toutes y sont traitées comme des personnes que les maîtres connaissent, distinguent, comprennent et aiment de la tendresse la plus attentionnée. On s'empresse, on s'émeut après un pauvre poisson malade... Les animaux sont sensibles à ces soins et à cette émotion ; voilà tout le secret de leur apprivoisement.

Je ne suis point, dans cette apparente digression, en dehors de la pisciculture, industrie inséparable de la domestication et de l'acclimatation ; j'y suis en plein au contraire et ne fais que développer le texte de M. Berthot : Si vous voulez réussir, *aimez*.

II.

J'ai dit que la pisciculture, pour vivre, devait retourner de dix ans en arrière aux procédés de ses deux inventeurs Rémy et Géhin ; je dois ajouter, pour ce qui concerne les renseignements écrits, qu'il faut, si l'on veut retrouver le véritable esprit pratique, remonter aux deux rapports rédigés en commun par MM. Berthot et Detzem, ingénieurs des ponts et chaussées, le 8 mai 1851 et le 7 mars 1852.

Dans le premier de ces rapports, l'importance de

l'industrie nouvelle est démontrée par des chiffres de la façon la plus nette, et l'on est conduit arithmétiquement à un résultat tel que, malgré l'infaillibilité des chiffres, on hésite à y croire.

Nos onze fleuves de France, d'après les calculs approximatifs les plus modérés, contiennent une masse de 6,352,500,000 mètres cubes d'eau sans cesse renouvelée; toutefois, pour être bien sûrs d'éviter les exagérations, disent MM. Berthot et Detzem, ne prenons que la moitié de ce chiffre; réduisons-le au nombre de 3,177,500,000.

« A la rigueur, continuent-ils, un mètre cube » peut suffire pour nourrir un poisson; il serait » peut-être à l'étroit dans cet espace, s'il vivait seul » et qu'il n'en pût sortir; mais dans les fleuves et » les rivières, en liberté de se mouvoir, il en aurait » assez; ceux qui vivent d'herbages et d'insectes » en trouveront, et les ichthyophages, s'ils en dévo- » rent autant que l'homme, n'en manqueront pas.

» Dans quatre ans, la population serait donc de » 3,177,500,000 poissons; la première récolte four- » nirait 635,500,000 de poissons moyens dont le » poids serait, pendant quelques années, au-dessous » de un kilogramme, car le poisson moyen corres- » pondant à notre exploitation actuelle, n'emprunte » une partie de son poids qu'aux grosses pièces que » la pêche fournit, et qui proviennent des poissons » qui ont échappé pendant plusieurs années aux

» piéges et aux filets que les pêcheurs leur tendent.

» Que le prix du poisson varie ou non par suite » de cette immense multiplication, c'est une ques- » tion qu'on peut poser; mais la valeur actuelle se- » rait évidemment de *plus de neuf cent millions !*

» Nous sommes forcés de dire qu'en présence de » ce chiffre inattendu, nous ne pouvons pas nous » défendre d'un sentiment de méfiance; nous com- » prenons très bien par conséquent qu'il produira la » même impression sur tous ceux qui examineront » les calculs dont il ressort. »

Puis, dans leur étonnement, ils recommencent à réduire leurs chiffres, malgré toutes les données de la statistique, et s'arrêtent enfin, dans leur examen des richesses ichthyologiques susceptibles d'être développées dans les fleuves de France, à un revenu annuel de *cent millions*.

Après avoir exposé ces calculs, ils ajoutent :

« L'intervention de l'État nous paraît indispen- » sable : à lui d'ordonner les recherches et les véri- » fications préalables qui lui garantissent le succès » d'une entreprise grandiose dans laquelle il ne faut » se lancer qu'en jetant en avant des éclaireurs;

» A lui le soin de recueillir et de coordonner; à » lui le pouvoir de créer une administration spéciale » pour régir ce riche domaine qu'il lui faut con- » quérir. »

Il fut, je crois, question depuis de confier ce projet à une compagnie fondée par actions; mais rien ne s'est réalisé; tant la question de l'industrie nouvelle a été obscurcie, rétrécie (réduite aux proportions d'une affaire d'Institut), par les discours d'un millier de badauds friands de médailles et de vanités.

La période qui s'est écoulée depuis six ans se peut donc résumer par ces mots : *Décadence de la pisciculture dans les mains des savants.* Mais bientôt, sans doute, nous la verrons renaître dans des mains pratiquement plus habiles.

III.

Le deuxième rapport de MM. Detzem et Berthot est consacré à l'exposé des moyens mis par eux en pratique dans l'établissement d'Huningue qui, alors, dans leurs mains, produisait par centaines de mille les éclosions de poissons de variétés diverses : saumons et truites de différentes espèces, produits croisés de saumons-truites et de truites-saumons, bécards, brochets, perches, perches-brochets, brêmes, silures (1), lottes, ombres, meuniers, nases, etc.

Cinq chapitres, subdivisés en plusieurs sections,

(1) *Poisson gigantesque qui atteint jusqu'à 4 mètres de long,* dit M. Coste.

composent ce rapport sous les titres suivants : *Production, Distribution, Éducation, Exploitation, Administration;* et aucun détail n'est omis de ce qui touche à ces cinq grands problèmes dans lesquels se résume toute la pisciculture.

Voici le procédé de fécondation indiqué et mis en usage avec succès par les deux praticiens.

Presser délicatement le ventre de la femelle d'avant en arrière pour en extraire les œufs, qui doivent sortir librement et être reçus (en les laissant tomber d'aussi peu haut que possible) dans un vase à fond large et plat, contenant 4 à 5 centimètres d'eau. Puis, immédiatement, presser de la même manière le ventre du mâle et laisser tomber la laitance dans l'eau où sont déjà les œufs, agiter modérément cette eau avec un pinceau ou mieux encore avec la queue du poisson ; laisser le tout, comme nous l'avons indiqué, en repos pendant cinq minutes, puis déposer les œufs dans les boîtes placées d'avance à demeure dans un courant d'eau rapide.

Il s'agit ici de la fécondation des œufs de salmonées (truites et saumons), car il est bien entendu que la méthode doit se modifier suivant les espèces sur lesquelles on opère, ainsi qu'on l'a vu dans la lettre de M. Berthot sur la fécondation des œufs de carpes.

En ce qui concerne les salmonées, la présence du gravier dans les boîtes d'éclosion est déclarée nécessaire. « Le gravier, est-il dit, joue un rôle absolu-

» ment indispensable, et, sans lui, le poisson ne peut » pas naître; l'embryon, quand il a quitté son enve- » loppe, conserve à l'abdomen une vésicule remplie » de substance nutritive; cette vésicule y demeure » adhérente pendant un temps variable, suivant la » nature du poisson; quand l'œuf éclôt, la queue de » l'animal et cette vésicule sont les premières par- » ties qu'on voit sortir, et le poisson, qui cherche à » se débarrasser entièrement de l'enveloppe ovaire, » ne pourrait pas y parvenir et périrait bientôt, s'il » ne trouvait pas de gravier qui lui présente des an- » fractuosités, des interstices dont il profite pour » engager son corps comme dans une sorte de filière » où il finit par accrocher cette dépouille désormais » inutile. »

Il est recommandé aussi, si l'on opère dans des boîtes de zinc, que les trous dont elles sont criblées aient toujours *moins d'un millimètre de diamètre;* autrement la vésicule du jeune poisson, terminée en pointe à son extrémité, ne manquerait pas de s'y engager et le poisson périrait. Quant au transport des œufs fécondés, il s'opère en les enfermant soit dans du sable humide, soit dans de la mousse mouillée.

On a pu se servir d'œufs de truites femelles mortes depuis vingt-quatre heures, et l'on a réussi à féconder des œufs de saumon avec de la laitance de mâles morts depuis deux heures; mais il vaut toujours mieux employer des sujets vivants, lesquels, comme on sait, peuvent être, après l'opération, remis en liberté, sans qu'il en résulte pour eux aucun accident.

Le temps venu de mettre les petits en liberté, si l'on ne peut les parquer tout une année, MM. Berthot et Detzem donnent ce conseil excellent de les déposer, non pas dans les rivières, mais, s'il est possible, à la source de quelqu'un des plus petits affluents qui s'y rendent, en ayant la précaution d'y placer un lit de cailloux, s'il ne s'y en trouve naturellement, pour servir de retraite au fretin. Garantissez ces ruisseaux de l'approche des animaux nuisibles, en les couvrant, s'il se peut, d'un treillage; vos élèves y croîtront, à l'abri de tous leurs ennemis, les poissons plus grands ne remontant pas dans d'aussi petits ruisseaux. L'alevin, déposé dans ces ruisseaux, saura bien ne s'aventurer que très prudemment aux dangers d'une eau plus profonde. C'est par une prévoyance semblable, sans doute, que les truites qui, plus tard, mangeraient leurs propres petits, vont, pour les protéger contre elles-mêmes, déposer leurs œufs aux sources des rivières, dans les endroits les moins profonds où quelquefois elles ne passent qu'en se mettant le dos hors de l'eau, et dans lesquels, en toute autre circonstance, elles n'oseront jamais revenir. C'est là que les petits éclosent loin de la voracité de leurs parents; et quand ceux-ci reparaissent à la fraie suivante, les petits, qui ont une dizaine de mois, sont assez grands pour éviter le danger, et c'est justement l'âge où le fretin commence à descendre dans les eaux profondes.

IV.

La nature a privé les poissons du sentiment et des secours de la maternité; nul être ne veillant sur eux, il faut que les petits, au sortir de l'œuf, restent en proie à tous leurs ennemis; et leurs ennemis c'est tout ce qui les entoure. Ajoutez qu'aucune créature ne naît plus infirme, plus incapable de se secourir elle-même. Toute la prévoyance de la nature, à leur égard, semble s'être bornée à les douer d'une fécondité tellement prodigieuse que jamais ils ne puissent être dévorés tous. Si infatigables que soient leurs destructeurs, qu'il en reste seulement quelques-uns au moment de la fraie, et tout est réparé. Dix morues oubliées dans un coin des mers en reproduisent 93,440,000; dix carpes dans un étang, 2,031,000.

Quel est le rôle de l'homme en présence de ces faits? C'est de réparer l'oubli de la nature, et de recueillir quelques-uns de ces germes abandonnés.

Puisque l'embryon ici est rejeté du sein maternel en quelque sorte avant d'être animé, veillons quelques instants sur lui.

Nous aurons pour récompense d'y découvrir bien des mystères sur nous-mêmes.

Mais revenons à la pisciculture pratique.

V.

La quantité de jeunes poissons que peut contenir un espace donné doit être illimitée ; ainsi M. Berthot recommande qu'on y en mette toujours *trop*. Le trop ici ne sera point perdu, il servira de nourriture aux autres ; la semence, pour le pisciculteur, devient un engrais. Vous n'aurez, au bout de quelques années, tout ce que peut contenir en poissons un espace déterminé, qu'à la condition d'y en avoir mis *trop* d'abord et d'y avoir à chaque semaille renouvelé ce *trop*.

Le lecteur, en présence d'une telle recommandation, ne doit pas oublier que le premier aphorisme de la pisciculture est qu'*on peut faire de l'alevin* AUTANT QU'ON EN VEUT.

VI.

On sait qu'il est possible d'activer le développement du poisson et de rendre sa chair plus succulente en ayant recours, comme pour certains animaux domestiques, à la castration. Quelques personnes avaient pensé d'abord que cette opération serait très compliquée; mais l'expérience a montré qu'elle n'est ni plus difficile ni plus dangereuse que le chaponnage. Il n'est garçon de ferme doué d'un peu d'adresse qui ne s'en puisse acquitter très lestement. MM. Bolot et Berthot, dans un rapport en date du 7 mars 1853, ont décrit cette opération avec la plus minutieuse exactitude. Ils avaient inventé pour cela un petit instrument très ingénieux qui a l'avantage de laisser les mains libres. Voici, du reste, la description qu'ils en donnent, et les détails qu'ils ajoutent sur la manière de s'en servir :

« Cet instrument se compose d'une tablette sur » laquelle est fixée une pièce en bois qu'on ne saurait » mieux comparer qu'à un fragment qu'on détache» rait d'une solive d'un faible équarrissage; paral» lèlement à celle-ci, on en dispose une autre qui » peut se rapprocher ou s'écarter et se fixer au » moyen d'une vis. Ces deux pièces sont légèrement » évidées sur les faces en regard l'une de l'autre : » plaçons entre elles le sujet à opérer, le ventre en » l'air, et le voilà saisi comme dans un étau qui le » presse sans le blesser, puisque les faces évidées et » garnies d'un peu de linge affectent un peu la » forme de son corps; faisons avec un bistouri, dont » le tranchant est arrondi, une entaille dans la peau » de l'animal, en partant un peu en avant de l'anus

» pour se rendre vers la naissance des nageoires » qu'on trouve sous le ventre. Cette entaille doit » être une simple coupure peu profonde; le bis» touri ne doit pas pénétrer dans l'intérieur de » l'abdomen. Ceci fait, vous trouverez à droite et à » gauche, sur les deux plates-formes des soliveaux, » un petit levier à bascule porteur à son extrémité » d'une petite lame plate, non pas précisément per» pendiculaire au levier; mais inclinée un peu en » arrière ; pour bien comprendre, le meilleur est de » se représenter une petite pioche, semblable à celles » dont les vignerons se servent, et dont le manche » serait précisément notre levier.

» Les deux lames introduites dans la plaie, les » leviers glissent dans la rainure de leurs sup» ports; une vis les arrête au point convenable, et » voici que la plaie est béante, tandis que vous avez » toujours vos deux mains libres et nul motif de » vous presser. Saisissez maintenant un crochet bien » arrondi pour ne blesser aucun organe : introdui» sez-le de champ dans la coupure, enfoncez-le en» tièrement comme si vous vouliez glisser le long de » la paroi interne de l'abdomen, allez jusqu'au fond, » retournez carrément votre crochet, retirez-le dou» cement, vous apporterez au dehors, à cheval sur » ce crochet, quatre vaisseaux qui aboutissent tous » à l'anus : le rectum et le canal de l'urèthre, tous » les deux accolés et flanqués de part et d'autre des

» deux laitances qui ne sont autre chose que les » organes de la génération, et qui s'allongent en » forme de boyaux en se rapprochant de l'anus » auquel ils aboutissent comme les deux autres » pour évacuer par là chacun ses sécrétions parti- » culières.

» Mettez une aiguille de bas sous ces quatre vais- » seaux, elle s'appuiera sur vos deux plates-formes » des soliveaux ; vous pourrez donc dégager le cro- » chet, et voici les entrailles à cheval sur l'aiguille : » séparez avec précaution les deux vaisseaux à cou- » per des deux vaisseaux à respecter et auxquels ils » sont accolés, coupez-les avec des ciseaux que vous » ferez passer par-dessous votre aiguille de manière » par conséquent à enlever toute la partie qui était à » cheval sur l'aiguille ; les deux autres parties qui » resteront ne pourront plus se rejoindre ; la solution » de continuité suffira pour les faire atrophier, faute » de communication au dehors.

» Otez maintenant l'aiguille, tout rentrera dans » l'abdomen sans que la distension ait rien produit » de bien fâcheux, recousez avec soin la plaie, des- » serrez vos solives et mettez le poisson à l'eau : en » huit jours il sera guéri et il engraissera comme un » chapon. »

VII.

Je cite souvent MM. Bolot, Berthot et Detzem, et j'ai raison, car eux seuls ont envisagé *pratiquement* la question de la pisciculture. Tout ce qu'on a écrit depuis eux sur ce sujet n'a plus fait que l'obscurcir. Il s'agissait, on l'a vu, d'ensemencer les onze fleuves de France, et l'on a cru faire une opération grandiose en mettant parader quelques saumons, sous les yeux de la foule, dans les étangs du bois de Boulogne.

Un autre a fait de la pisciculture de poissons rouges et a jugé très sage d'en ensemencer la Seine.

Les curieux, les amateurs de jardins se sont mis à établir dans leurs serres de petits appareils en zinc émaillé; ces appareils avaient été pour les savants un précieux instrument d'étude; ils prenaient aux mains de ces gens-là les proportions d'un joujou.

En dehors des services rendus aux études embryogéniques, disons que ces appareils ont été *le cimetière de la pisciculture.*

Nous avons vu plus haut que le fretin y meurt asphyxié; un savant pisciculteur a inséré dans le *Bulletin de la Société d'acclimatation* du mois de décembre 1854, un article curieux sur cet asphyxiement des jeunes poissons dans ses appareils. *Ils meurent étouffés*, dit-il. *Leur autopsie exécutée attentivement à l'aide du microscope, me l'a évidemment démontré. Tous succombent par l'obstruction de leurs organes respiratoires, par l'un de ces flocons de détritus de matières organiques dont nous venons de parler...*

VIII.

Mais revenons aux vrais pisciculteurs, à ceux qui n'ont pas fait beaucoup de bruit, mais qui ont fait beaucoup de poissons. Voici une expérience de MM. Bolot et Berthot, laquelle démontre un fait curieux qui peut-être recevra un jour son application pratique; c'est que *la solidification complète d'un poisson par le froid, n'abolit pas chez lui les principes de la vie.*

« ... Nous avons mis une carpe dans une sabotière » à faire des glaces, enveloppée d'un peu de neige, » faisant office de coussinets pour protéger son corps; » nous avons fait ensuite un mélange réfrigérant, et » l'animal au bout d'une heure est devenu plus dur » que du bois. Il était sonore et cassant; nous estimons que sa température était au-dessous de douze » degrés au-dessous de zéro, et ce froid avait évidemment pénétré jusqu'au fond des entrailles.

» Nous l'avons fait ensuite dégeler, sans prendre

» beaucoup de précautions et bien sûrement plus vite » qu'il ne fallait.

» Ce nonobstant, l'animal bientôt s'est mis à se » mouvoir; le jeu des ouïes s'est opéré régulièrement, » il a bâillé, manifesté de la sensibilité, bref il vivait » évidemment; mais il a succombé au bout de cinq » ou six heures, et la seconde expérience a donné » absolument le même résultat.

» Par conséquent, il n'est pas démontré qu'ensuite » de la solidification complète d'un poisson par le » froid, on peut, en le soignant convenablement, le » rétablir entièrement; le contraire non plus n'est » pas prouvé; mais ce qui est parfaitement certain, » c'est que cette rigoureuse épreuve qui transforme » momentanément un animal vivant en une matière » inerte, n'abolit pas chez lui les principes de vie. »

IX.

L'expérience ci-dessus démontre une fois de plus qu'on peut espérer d'arriver à suspendre par la dessiccation le développement de l'œuf, puisque la vie suspendue chez le poisson adulte peut se ranimer quelques heures. D'ailleurs pourquoi nier, comme on l'a fait, que le développement fœtal du poisson puisse être ajourné en l'éloignant de son milieu incubatoire, c'est-à-dire en l'éloignant de l'eau? Tout œuf est dans ce cas. Le développement embryonaire n'y a lieu qu'à partir du moment où il est placé dans ses conditions d'incubation ; œufs d'oiseaux et d'insectes peuvent ainsi *attendre*. Il semble donc qu'un zoologiste ait eu tort de laisser dernièrement échapper ces paroles :

« Certains expérimentateurs croient encore simplifier le problème de la pisciculture, en opérant » la dessiccation complète des œufs, opérée de manière à leur donner l'apparence de graines sèches » et facilement transportables. Lorsque ceux de la » truite ont subi cette épreuve, ils offrent la dureté » et la couleur de l'ambre jaune ; et certaines personnes pensent qu'en les mettant alors dans l'eau, » ils se gonflent, et, ranimés par l'imbibition, continuent leur évolution. *J'ai réussi à en faire éclore*, » dit M. Berthot dans une de ses lettres ; *ils ressemblaient à de petits bonbons : c'est désormais un* » *fait acquis.*

» La différence qu'il y a entre moi et M. Berthot, » c'est que je n'ai jamais pu réussir à opérer ce prodige, qu'en imitant les adeptes de la science hermétique, je regarderais réellement comme l'*œuf* » *philosophal de la pisciculture.*

» Plusieurs naturalistes assurent que certains êtres » inférieurs, tels que les rotifères, peuvent être impunément réduits à la plus parfaite dessiccation, et » qu'après un certain nombre d'années passées ainsi

» à l'état de momie, si on les place dans l'eau, ils » s'y raniment instantanément. Cette expérience de » palingénésie ne m'a jamais réussi, et quoi qu'en » aient dit l'abbé Spallanzani et MM. Schultz et » Doyère, elle ne peut réussir.....

» Si, doué d'une puissance plus que magique, » quelqu'un voulait ranimer sous mes yeux un simple » rotifère, je crois qu'en voyant une si renversante » chose, je partirais subitement expérimenter dans » les hypogées de Thèbes, si je ne savais que sur » cette masse d'animaux qu'on y rencontre, tous les » ressorts de la vie ont été anéantis par la cérémonie » de l'embaumement. Il n'y a là qu'une question de » taille... »

On oublie donc que les expériences de Spallanzani sur les rotifères ont été répétées de nos jours, avec succès, par MM. de Quatrefages et Milne Edwards?

Ce fait étrange peut blesser quelques petits systèmes; mais quelle doctrine résisterait à la révélation subite de tous les phénomènes de la nature?

La micrographie, songez-y, vous prépare bien d'autres renversements.

X.

Je n'aime pas les longs propos; mais il me reste toujours, sur ce sujet, quelque chose à dire.

Ce qui manque, en ce moment, à la pisciculture, c'est cette connaissance des détails que peut seule donner une longue expérience. Combien puériles paraîtront nos méthodes actuelles à ceux qui, sur une grande variété d'espèces, auront exercé pendant dix ou quinze ans l'industrie nouvelle! Elle n'a été jusqu'ici pratiquée que par quelques expérimentateurs isolés; que deviendra-t-elle lorsque, sortie des premiers tâtonnements, elle sera livrée aux mille perfectionnements d'une multitude de praticiens?

Ce qui manque, en général, lorsqu'il s'agit d'êtres vivants à élever ou acclimater, c'est la connaissance non de leur organisme, mais de leurs mœurs. Les naturalistes ont fait, de nos jours, de l'anatomie et de la physiologie comparées, ils ont eu raison; mais ils ont trop négligé le côté moral des bêtes; leur manière de vivre, leur caractère, leurs jeux, leurs combats, leurs amours, ils ne s'en sont pas occupés. Avec plus d'étendue dans l'esprit ils n'auraient point dédaigné ces détails. Buffon n'est resté notre plus grand naturaliste, après la Fontaine, que pour s'être occupé des mœurs des animaux. Il peut se faire que, dans l'état imparfait de ce genre d'études au XVIIIe siècle, il ne nous ait pas donné dans tous ses détails, tels qu'on les connaît de nos jours, le cheval physique et physiologique; mais son cheval moral est bien le vrai cheval. Là est sa gloire, c'est par là qu'il se fait lire de tous, même des enfants. Il nous montre les animaux *vivants ;* on ne nous a décrit depuis que des animaux morts : science d'amphithéâtre, utile sans doute ; mais combien peu c'est connaître une créature vivante que de ne l'étudier qu'anatomiquement !

La pisciculture vraie ne saura pas seulement les caractères physiques des poissons, elle s'inquiétera surtout de leurs mœurs, de leur manière d'être les uns à l'égard des autres, de leur sociabilité, de leurs sympathies, de la possibilité d'associer ensemble telles ou telles familles.

Voici un petit fait qui n'a nulle importance, mais qui nous servira d'exemple.

Une centaine de jeunes truitons débarrassés à peine de leur vésicule, avaient été par moi déposés dans un petit vivier peuplé d'une multitude de têtards éclos depuis six semaines et par conséquent, déjà un peu grands ; il aurait fallu tout l'opposé, c'est-à-dire mettre des petits poissons de six semaines ou deux mois avec des têtards nouvellement éclos ; je le savais, mais l'éclosion des têtards devance toujours chez nous celle des truites. Je ne voyais pourtant à ce mélange aucun inconvénient : si mes têtards, disais-je, sont trop gros pour servir de nourriture au fretin, au moins ne le mangeront-ils pas. Le têtard, en effet, est herbivore, quel malheur pourrait-il faire ?

Le têtard est herbivore ! la science, d'après son

organisation, l'a déclaré tel et ne s'est pas trompée; mais de quelle humeur est-il? Voilà ce qu'il eût été, pour moi, utile de connaître.

Mes truitons, trop petits pour dévorer leurs compagnons, se faisaient un jeu de leur mordre la queue; ceux-ci, de leur côté, avaient grande joie à se défendre contre les taquineries de ces bestioles; on s'attroupait, des batailles avaient lieu et tous ces vermisseaux s'écharpaient. Qui les excitait à de tels combats? le point d'honneur!

Mes truitons périrent à cause de la fierté des têtards et par leur propre orgueil.

Si dans le caractère des uns ou des autres il y avait eu un peu d'indolence, ce malheur était évité. Il eût donc fallu le savoir.

XI.

Ce qui doit plaire de la pisciculture, c'est qu'après tout, elle se présente moins comme une conquête faite que comme une conquête à faire. Acclimatation, domestication, surveillance des germes, trois grands problèmes que ce siècle est appelé à résoudre. Surveillance, éducation des germes, comprenez-vous bien ce que ces mots signifient, et voyez-vous, dans le monde végétal, ce que, dans ces derniers temps, on a déjà obtenu? Des plantes tropicales cultivées en serres chaudes d'abord, puis reproduites de graine en serre tempérée, ont été amenées, en quelques générations, à pouvoir vivre à l'air libre et même, quelques-unes, à supporter nos hivers. Allez à ce bois de Boulogne dont on a voulu faire un miracle de pisciculture, mais qui est bien plutôt un miracle de floriculture, vous y admirerez ces étonnants résultats ; la nature forcée dans ses germes. Il semble que pris ainsi, tous les êtres soient, jusqu'à un certain point, modifiables et, pour ainsi dire, malléables.

Sondez ce mystère et je vous dis avec Buffon que vous créerez des êtres nouveaux. Ces plantes tropicales, dont nous parlions, qui s'acclimatent chez nous, combien s'y modifient-elles dans leur végétation ! Elles s'y mettent, en quelque sorte, à la portée de notre climat, s'y européanisent et apprennent, comme nos végétaux, à n'y plus croître que par intermittences.

En s'y prenant dès le germe, que de poissons étrangers ne pourrons-nous pas introduire dans nos eaux !

Si le bois de Boulogne, en fait de pisciculture, peut nous encourager, c'est moins par les poissons de ses lacs que par ces végétaux étranges qui nous montrent ce que peut l'art bien entendu des acclimatations.

XII.

Nous avons vu, dans les rapports de MM. Berthot et Detzem, ce que pourrait être la *pisciculture nationale* dans les onze fleuves de France, propriétés de l'État; mais comprend-on, en présence d'un tel exemple, ce que deviendrait la pisciculture rurale aux mains de vingt millions de paysans, dans nos petits cours d'eau, dans nos étangs, dans nos lacs et jusque dans nos mares, où les carpes, les tanches, les anguilles pourraient être élevées comme le sont des lapins chez tous les pauvres gens?

Quelles ressources alimentaires!

N'exagérons rien cependant, mettons les choses au plus bas; ne voyons pas, j'y consens, dans la pisciculture l'augmentation de richesses qu'elle semble promettre aux cultivateurs; mais au moins ne pouvons-nous pas dire qu'elle doit être dans nos occupations rurales une augmentation de la basse-cour? N'eût-elle (et elle a beaucoup plus) que l'importance des abeilles, cela ne suffirait-il pas pour lui mériter les sympathies du public et l'attention du législateur?

Je reviens, en finissant, sur ce besoin d'une législation nouvelle concernant la pêche et le maraudage.

La pêche peut se définir: *l'opération par laquelle*

un artisan (le pisciculteur) recueille les produits de son travail; elle devient par conséquent un état, et doit être par la loi traitée et protégée comme tel.

Et qu'est-ce que le maraudage? *L'action de celui qui, ne travaillant pas, se substitue à autrui et recueille par surprise, le fruit de son travail.* Ceci, chez tous les peuples, s'est appelé *le vol.*

Voilà les deux principes sur lesquels doit être basée la législation nouvelle que nous appelons de tous nos vœux.

www.ingramcontent.com/pod-product-compliance
Ingram Content Group UK Ltd.
Pitfield, Milton Keynes, MK11 3LW, UK
UKHW012241240726
13966UKWH00003B/1223